中国华电集团公司
CHINA HUADIAN CORPORATION

2016 年版

火电企业安全性综合评价

（锅炉分册）

中国华电集团公司　编

U0337476

中国电力出版社
CHINA ELECTRIC POWER PRESS

内 容 提 要

为贯彻落实国家安全生产最新法律法规，以及电力行业安全技术规范和系列标准，积极适应新工艺、新材料和新装备大量应用实际，中国华电集团公司对 2011 年发布的《发电企业安全性综合评价》（安全管理、劳动安全和作业环境，火电厂生产管理）组织修订完善。同时，结合安全生产标准化、安全诚信建设和隐患排查治理要求，对相关管理内容予以补充完善，并同步对扣分标准和查评依据进行了更新。

为方便培训和查评工作实际，本次修订将《火电企业安全性综合评价》（2016 年版）内容系统梳理，划分成为安全管理、劳动安全和作业环境，汽机，锅炉，环保，电气，热控，化学，燃料，燃机，供热共十个分册。

本分册为《火电企业安全性综合评价 锅炉分册》（2016 年版），涵盖了锅炉本体、燃料制备及输送系统、锅炉风烟系统、锅炉吹灰系统、除渣系统、空压机及附属系统、锅炉附属设施、生产管理、诚信评价等内容。附录列出了引用标准清单，评价总分表，发现的主要问题、整改建议及分项评分结果，检查发现问题及整改措施，扣分项目整改结果统计表，专家复查结果表，标准修订建议记录表等。

本分册供中国华电集团公司所属火电企业安全性评价工作人员、各级安全生产管理及作业人员使用，也可供水电与新能源发电企业借鉴、参考。

图书在版编目（CIP）数据

火电企业安全性综合评价. 锅炉分册/中国华电集团公司编. －北京：中国电力出版社，2016.1（2016.2 重印）
ISBN 978-7-5123-8884-0

Ⅰ．①火…　Ⅱ．①中…　Ⅲ．①火电厂－锅炉－安全评价－综合评价
Ⅳ．①TM621.9

中国版本图书馆 CIP 数据核字（2016）第 017671 号

火电企业安全性综合评价　锅炉分册（2016 年版）

中国电力出版社出版、发行　　　　　　北京九天众诚印刷有限公司印刷　　　　　　各地新华书店经售

（北京市东城区北京站西街 19 号　　100005　http://www.cepp.sgcc.com.cn）

2016 年 1 月第一版　　　　　　　　　2016 年 2 月北京第二次印刷　　　　　　印数 1501—3000 册

880 毫米×1230 毫米　　横 16 开本　　5.75 印张　　183 千字　　定价 22.00 元

敬 告 读 者

本书封底贴有防伪标签，刮开涂层可查询真伪

本书如有印装质量问题，我社发行部负责退换

编 委 会

前　言

　　安全性综合评价工作是发电企业实施安全生产源头治理和提升本质安全水平的重要手段。中国华电集团公司始终坚持"安全第一，预防为主，综合治理"方针，将全面推进发电企业安全性综合评价作为风险预控的重要手段，充分借助这一有效载体，抓预防、重治本，夯实基础，规范管理，培育文化，推动公司系统安全整体水平不断提升。

　　当前，新的安全生产法律法规和国家、行业规范标准集中发布实施，发电生产中新技术、新材料、新工艺和新设备大量投入应用，原《发电企业安全性综合评价》（2011 年版）已不能满足安全生产实际需求。为此，中国华电集团公司对原评价标准进行修编，形成《火电企业安全性综合评价》（2016 年版）。

　　此次修编工作中，全面梳理了所依据的法律法规和国家、行业、集团标准规范，对原篇章、结构进行调整和优化，有机整合了发电企业安全生产标准化达标评级标准、安全生产隐患排查分级治理和诚信评价等内容。便于在安全性评价查评过程中，对照相关条款一并开展标准化查评工作；对发现的问题进行隐患分级，及时进行监控和整改；纳入诚信评价体系，推动企业各级安全生产诚信体系建设。

　　《火电企业安全性综合评价》（2016 年版）按照专业划分、结集出版。整个系列分为安全管理、劳动安全和作业环境，汽机，锅炉，环保，电气，热控，化学，燃料，燃机，供热共十个分册，其查评依据对法律法规和国家、行业、集团标准的具体条款进行直接引用，便于查评人员查阅。扣分标准由原来的固定分值改为扣分范围。

　　此次修编过程中，全面贯彻了目标引导、规范管理、指标评价、流程控制的思路，对发电企业安全生产要素进行全面梳理和整合，是二级公司全面"做实"、基层企业有力"强基"的安全生产重要工具和定量标尺。各级企业应继续深化安全性评价工作，关注短板，持续改进，常抓常新，健全机制，努力建设本质安全型企业。

　　华电国际电力股份有限公司承担了本系列标准的主要编写工作，山东分公司、河南分公司、安徽分公司、河北分公司、湖南分公司、宁夏分公司、贵州分公司、莱州公司、淄博公司和灵武公司也提供了大力支持和帮助，在此一并表示感谢。

　　由于时间仓促和编者水平有限，疏漏之处在所难免，敬请广大读者批评指正。

中国华电集团公司

2015 年 12 月 6 日

目　录

锅炉（总计 1600 分）

序号	评价项目	标准分	查证方法	扣分条款	扣分标准	扣分	查 评 依 据	标准化	隐患级别
1	**锅炉本体**	750							
1.1	**锅炉本体设备管理**	290							
1.1.1	常规锅炉本体设备管理（包括其他锅炉需要检查的通用部分）	200							
1.1.1.1	本体受热面	100	查阅反事故措施及执行情况，查阅检修记录、设备台账、防磨防爆检查记录	①防磨防爆检查工作未做到"逢停必查"	10/次		《中国华电集团公司防止火电厂锅炉四管泄漏管理暂行规定》（中国华电生〔2011〕805 号） 第十九条 管理要求 （四）坚持"逢停必查"。锅炉停运超过 3 天时间，必须有针对性地安排防磨防爆检查工作。大、小修必须进行全部受热面的检查		一般
				②未成立防磨防爆组织机构	10		《防止电力生产事故的二十五项重点要求》（国能安全〔2014〕161 号） 6.5.1 各单位应成立防止压力容器和锅炉爆漏工作小组，加强专业管理、技术监督管理和专业人员培训考核，健全各级责任制		
				③组织机构责任不明确	2～5				
				④未对防磨防爆技术管理人员和专业人员进行技术培训	10				

续表

序号	评价项目	标准分	查证方法	扣分条款	扣分标准	扣分	查评依据	标准化	隐患级别
1.1.1.1	本体受热面	100	查阅反事故措施及执行情况,查阅检修记录、设备台账、防磨防爆检查记录	⑤防止锅炉承压部件爆漏事故措施执行不严格	5~10		《防止火电厂锅炉四管爆漏技术导则》(能源电〔1992〕1069号) 5.1.3 各电厂应根据实际情况制定防磨防爆措施。 5.2 在检修中必须注意消除管排变形、烟气走廊和管子膨胀受阻等现象,保持膨胀指示器完整,指示正确。 5.4 应按规定进行定期割管检查。检查炉膛热负荷最高区域的水冷壁管内壁结垢腐蚀情况,对高温过热器、再热器管子作金相检查。水冷壁在大修前的最后一次小修中检查垢量或锅炉运行年限达到《火力发电厂清洗导则》中的规定值时,要进行酸洗	5.6.4.3.6	一般
				⑥检修过程中未对管排变形、烟气走廊和管子膨胀受阻等现象进行检查并做好记录	5/项				一般
				⑦防磨防爆检查项目落实执行有漏项	5/项				一般
			查阅割管金属检验报告及垢物分析报告,查阅金属监督计划及报告、报表、总结等金属监督记录,查阅非计划停炉记录、不安全事件分析报告,查阅焊接技术措施	⑧未按规定进行割管检查或无检查记录	5~10				一般
				⑨水冷壁结垢量超标后未及时进行化学清洗	10		《防止电力生产事故的二十五项重点要求》(国能安全〔2014〕161号) 6.5.4.10 锅炉水冷壁结垢量超标时应及时进行化学清洗,对于超临界直流锅炉必须严格控制汽水品质,防止水冷壁运行中垢的快速沉积	5.6.4.3.6	一般
				⑩管壁磨损、腐蚀、鼓包、胀粗、金相组织球化等超标未处理	10		《火力发电厂金属技术监督规程》(DL/T 438—2009) 5.3 凡是受监范围的合金钢材及部件,在制造、安装或检修中更换时,应验证其材料、牌号,防止错用。安装前,应进行光谱检验,确认材料无误,方可投入运行。 9.3.1 锅炉检修期间,应对受热面管进行外观质量检验,包括管子外表面的磨损、腐蚀、刮伤、鼓包、变形(含蠕变变形)、氧化及表面裂纹等情况,视检验情况确定采取的措施。 9.3.13 受热面管子更换时,在焊缝外观检查合格后对焊缝进行100%的射线或超声波探伤,并做好记录	5.6.4.3.6	一般
				⑪更换的承压部件焊缝未进行100%无损探伤	10			5.6.4.3.6	一般

序号	评价项目	标准分	查证方法	扣分条款	扣分标准	扣分	查 评 依 据	标准化	隐患级别
1.1.1.1	本体受热面	100	查阅割管金属检验报告及垢物分析报告，查阅金属监督计划及报告、报表、总结等金属监督记录，查阅非计划停炉记录、不安全事件分析报告，查阅焊接技术措施	⑫更换的合金钢管未进行光谱分析检验	10/处		《中国华电集团公司防止火电厂锅炉四管泄漏管理暂行规定》（中国华电生〔2011〕805 号） 第二十三条　检修用管材、焊丝应全部进行材质确认，对于合金钢材要进行光谱分析，防止错用。焊工必须持证上岗，焊接时严格执行焊接工艺卡。焊口进行 100% 无损探伤		一般
				⑬受热面割管未进行化学监督检验	5/处		《火力发电厂机组大修化学检查导则》（DL/T 1115—2009） 4.2.2　水冷壁割管的标识、加工及管样制取与分析 e）更换监视管时，应选择内表面无锈蚀的管材，并测量其垢量。垢量超过 30g/m² 时要进行处理。 4.3.2　省煤器割管的标识、加工及管样的制取与分析按 4.2.2 进行。 4.4.4　按 4.2.2 对过热器管管样进行加工，并进行表面的状态描述。 4.5.4　按 4.2.2 对再热器管管样进行加工，并进行表面的状态描述		
				⑭评价年度内锅炉承压部件爆漏	20/次			5.6.4.3.6	
				⑮对锅炉承压部件爆漏原因分析不清或未制定防止再次发生的切实可行的防范措施	10/次		《中国华电集团公司电力安全事故调查规程》（中国华电安制〔2014〕264 号） 第三条　事故调查处理落实"依法依规、实事求是、科学严谨、注重实效"原则，集团公司"内部调查"和政府部门"外部调查"并行，做到"原因不清楚不放过，应受教育者未受到教育不放过，未采取防范措施不放过，责任者未受到处罚不放过"	5.6.4.3.6	
				⑯对于工作压力大于或等于 9.8MPa 的受压元件，其管子或管件的对接接头、全焊透管座的角接接头，未采用氩弧焊打底电焊盖面工艺或全氩弧焊接	10		《电力工业锅炉压力容器监察规程》（DL 612—1996） 8.4.3　对于工作压力等于或大于 9.8MPa 的受压元件，其管子或管件的对接接头、全焊透管座的角接接头，应采用氩弧焊打底电焊盖面工艺或全氩弧焊接		一般

续表

序号	评价项目	标准分	查证方法	扣分条款	扣分标准	扣分	查 评 依 据	标准化	隐患级别
1.1.1.1	本体受热面	100	查阅割管金属检验报告及垢物分析报告，查阅金属监督计划及报告、报表、总结等金属监督记录，查阅非计划停炉记录、不安全事件分析报告，查阅焊接技术措施	⑰对超临界和超超临界锅炉的受热面和一次门前管道的 I 类焊接接头，更换后未能进行 100%无损探伤，或其中射线检测少于 50%	10		《电力工业锅炉压力容器监察规程》（DL 612—1996） 8.6.2 受压元件焊接接头的分类方法、各类别焊接接头的检验项目和抽检百分比及质量标准，按 DL 5007《电力建设施工及验收技术规范》（火力发电厂焊接篇）执行，但对超临界压力锅炉的受热面和一次门内管子的 I 类焊接接头，应进行 100%无损探伤，其中射线透照不少于 50%	5.6.4.3.6	一般
				⑱存在氧化皮的锅炉未进行针对性的检查	10		《防止电力生产事故的二十五项重点要求》（国能安全〔2014〕161 号） 6.5.7.12 新投产的超（超超）临界锅炉，必须在第一次检修时进行高温段受热面的管内氧化情况检查。对于存在氧化皮问题的锅炉，必须利用检修机会对不锈钢管弯头及水平段进行氧化层检查，以及氧化皮分布和运行中壁温指示对应性检查。 6.5.7.13 加强对超（超超）临界机组锅炉过热器的高温段联箱、管排下部弯管和节流圈的检查，以防止由于异物和氧化皮脱落造成的堵管爆破事故。对弯曲半径较小的弯管应进行重点检查	5.6.4.3.6	一般
				⑲发现受热面内部氧化皮脱落造成堵塞现象	5～10			5.6.4.3.6	一般
				⑳直流炉未制定防止受热面管出现大量氧化皮的运行和管理措施或措施不全面	5～10				
				㉑未按规定对材质为奥氏体不锈钢的过热器管和再热器管下部弯头的氧化产物沉积情况进行检查	10		《中国华电集团公司关于超临界机组锅炉管蒸汽侧氧化皮防治的若干措施（修订）》（中国华电生制〔2011〕1254 号） 5.1 加强停炉时的检查与检测。在停炉时间许可情况下，要特别对末级过热器和末级再热器进行宏观检查，对发现有问题部位及运行监测超温部位，应针对性地进行硬度、金相检验。根据停炉时间长短相应安排末级过热器、再热器氧化皮的射线或超声检测，发现有氧化皮堆积现象应扩大检查。对堆积的氧化皮应进行割管清理		一般

序号	评价项目	标准分	查证方法	扣分条款	扣分标准	扣分	查 评 依 据	标准化	隐患级别
1.1.1.1	本体受热面	100	查阅割管金属检验报告及垢物分析报告，查阅金属监督计划及报告、报表、总结等金属监督记录，查阅非计划停炉记录、不安全事件分析报告，查阅焊接技术措施	㉒锅炉累计运行小时数超过 10000h，未对 T23 管材割管检查氧化皮	10		《中国华电集团公司关于超临界机组锅炉管蒸汽侧氧化皮防治的若干措施（修订）》（中国华电生制〔2011〕1254 号） 5 检查检验措施 5.3 锅炉累积运行时间超过 10000h 后，应对 T23 管材进行割管检验；累积运行 15000h 后，应对 T91 管材进行割管检验，并对锅炉管运行状况及发展趋势进行分析判断与风险评估		一般
				㉓锅炉累计运行小时数超过 15000h，未对 T91 管材割管检查氧化皮	10				一般
				㉔对于运行中壁温异常的管道检修时未重点检查	10		《防止电力生产事故的二十五项重点要求》（国能安全〔2014〕161 号） 6.5.7.12 新投产的超（超超）临界锅炉，必须在第一次检修时进行高温段受热面的管内氧化情况检查。对于存在氧化皮问题的锅炉，必须利用检修机会对不锈钢管弯头及水平段进行氧化层检查，以及氧化皮分布和运行中壁温指示对应性检查		一般
				㉕对于国产奥氏体不锈钢材质检测时，未进行第三方检验评定	5		《中国华电集团公司关于超临界机组锅炉管蒸汽侧氧化皮防治的若干措施（修订）》（中国华电生制〔2011〕1254 号） 6.3 由于国产奥氏体不锈钢存在材料性能不稳定现象，因此对国产奥氏体不锈钢材质检测时，应增加第三方检验评定		
				㉖未按规定进行超水压试验	5		《电站锅炉压力容器检验规程》（DL 647—2004） 6.2 检验分类与周期： a）外部检验：每年不少于一次。 b）内部检验：结合每次大修进行，其正常检验内容应列入锅炉"检修工艺规程"，特殊项目列入年度大修计划。新投产锅炉运行一年后应进行内部检验。 c）超压试验：一般二次大修（6~8 年）一次。根据设备具体技术状况，经集团公司或省电力公司锅炉监察部门同意，可适当延长或缩短间隔时间。超压试验结合大修进行，列入该次大修的特殊项目。		

序号	评价项目	标准分	查证方法	扣分条款	扣分标准	扣分	查评依据	标准化	隐患级别
1.1.1.1	本体受热面	100	查阅割管金属检验报告及垢物分析报告,查阅金属监督计划及报告、报表、总结等金属监督记录,查阅非计划停炉记录、不安全事件分析报告,查阅焊接技术措施	㉖未按规定进行超水压试验	5		6.3 锅炉除定期检验外,有下列情况之一时,也应进行内、外部检验和超压试验: a)新装和迁移的锅炉投运时; b)停用一年以上的锅炉恢复运行时; c)锅炉改造、受压元件经重大修理或更换后,如水冷壁更换管数在50%以上,过热器、再热器、省煤器等部件成组更换,汽包进行了重大修理时; d)锅炉严重超压达1.25倍工作压力及以上时; e)锅炉严重缺水后受热面大面积变形时; f)根据运行情况,对设备安全可靠性有怀疑时		
1.1.1.2	汽水管道、阀门和设备	50	查阅设备缺陷记录、运行记录、安全阀校验记录、检修及运行规程,现场检查	①汽包、集中下降管、联箱、导汽管、排汽管等及其管座,各种疏放水管、空气管、取样管、压力表管、温度测点等及其管座无检查记录	2/项	《防止电力生产事故的二十五项重点要求》(国能安全〔2014〕161号) 6.5.5.2 按照《火力发电厂金属技术监督规程》(DL/T 438—2009),对汽包、集中下降管、联箱、主蒸汽管道、再热蒸汽管道、弯管、弯头、阀门、三通等大口径部件及其焊缝进行检查,及时发现和消除设备缺陷。对于不能及时处理的缺陷,应对缺陷尺寸进行定量检测及监督,并做好相应技术措施。 6.5.5.6 对于易引起汽水两相流的疏水、空气等管道,应重点检查其与母管相连的角焊缝、母管开孔的内孔周围、弯头等部位的裂纹和冲刷,其管道、弯头、三通和阀门,运行100000h后,宜结合检修全部更换		
				②未按要求定期对喷水减温器检查	5		《防止电力生产事故的二十五项重点要求》(国能安全〔2014〕161号) 6.5.5.7 定期对喷水减温器检查,混合式减温器每隔1.5万~3万h检查一次,应采用内窥镜进行内部检查,喷头应无脱落、喷孔无扩大,联箱内衬套应无裂纹、腐蚀和断裂。减温器内衬套长度小于8m时,除工艺要求的必须焊缝外,不宜增加拼接焊缝;若必须采用拼接时,焊缝应经100%探伤合格后方可使用。防止减温器喷头及套筒断裂造成过热器联箱裂纹,面		

序号	评价项目	标准分	查证方法	扣分条款	扣分标准	扣分	查 评 依 据	标准化	隐患级别
1.1.1.2	汽水管道、阀门和设备	50	查阅设备缺陷记录、运行记录、安全阀校验记录、检修及运行规程，现场检查	②未按要求定期对喷水减温器检查	5		式减温器运行 2 万～3 万 h 后应抽芯检查管板变形、内壁裂纹、腐蚀情况及芯管水压检查泄漏情况，以后每大修检查一次		
				③大修后仍存在未消除的一类缺陷	5/项		《发电企业设备检修导则》（DL/T 838—2003） 10.3.3.1　设备经过修理，符合工艺要求和质量标准，缺陷确已消除，经验收合格后才可进行复装。复装时应做到不损坏设备、不装错零部件、不将杂物遗留在设备内	5.6.4.3.6	一般
				④存在未消除的二类缺陷	2/项			5.6.4.3.6	
				⑤监督计划有缺漏项	5/项		《火力发电厂金属技术监督规程》（DL/T 438—2009） 7.2.1　管件及阀门的检验监督 7.2.1.1　机组第一次 A 级检修或 B 级检修，应按 10% 对管件及阀壳进行外观质量、硬度、金相组织、壁厚、椭圆度检验和无损探伤（弯头的探伤包括外弧侧的表面探伤与内壁表面的超声波探伤）。以后的检验逐步增加抽查比例，后次 A 级检修或 B 级检修的抽查部件为前次未检部件，至 10 万 h 完成 100% 检验。 7.2.1.2　每次 A 级检修应对以下管件进行硬度、金相组织检验，硬度和金相组织检验点应在前次检验点处或附近区域： a）安装前硬度、金相组织异常的管件。 b）安装前椭圆度较大、外弧侧壁厚较薄的弯头/弯管。 c）锅炉出口第一个弯头/弯管、汽轮机入口邻近的弯头/弯管。 7.2.1.3　机组每次 A 级检修应对安装前椭圆度较大、外弧侧壁厚较薄的弯头/弯管进行椭圆度和壁厚测量；对存在较严重缺陷的阀门、管件每次 A 级检修或 B 级检修应进行无损探伤。 7.2.1.4　工作温度高于 450℃ 的锅炉出口、汽轮机进口的导汽管弯管，参照主蒸汽管道、高温再热蒸汽管道弯管监督检验规定执行。		

序号	评价项目	标准分	查证方法	扣分条款	扣分标准	扣分	查 评 依 据	标准化	隐患级别
1.1.1.2	汽水管道、阀门和设备	50	查阅设备缺陷记录、运行记录、安全阀校验记录、检修及运行规程，现场检查	⑥锅炉阀门检修计划执行有缺项	2/项		7.2.1.5 弯头/弯管发现下列情况时，应及时处理或更换： a）当发现 7.1.4 中 h）所列情况之一时。 b）产生蠕变裂纹或严重的蠕变损伤（蠕变损伤 4 级及以上）时。蠕变损伤评级按附录 D 执行。 c）碳钢、钼钢弯头焊接接头石墨化达 4 级时；石墨化评级按 DL/T 786—2001 规定执行。 d）相对于初始椭圆度，复圆 50%。 e）已运行 20 万 h 的铸造弯头，检验周期应缩短到 2 万 h，根据检验结果决定是否更换。 7.2.1.6 三通和异径管有下列情况时，应及时处理或更换： a）当发现 7.1.5 中 g）所列情况之一时。 b）产生蠕变裂纹或严重的蠕变损伤（蠕变损伤 4 级及以上）时。蠕变损伤评级按附录 D 执行。 c）碳钢、钼钢三通，当发现石墨化达 4 级时；石墨化评级按 DL/T 786—2001 规定执行。 d）已运行 20 万 h 的铸造三通，检验周期应缩短到 2 万 h，根据检验结果决定是否更换。 e）对需更换的三通和异径管，推荐选用锻造、热挤压、带有加强的焊制三通。 7.2.1.7 铸钢阀壳存在裂纹、铸造缺陷，经打磨消缺后的实际壁厚小于最小壁厚时，应及时处理或更换。 7.2.1.8 累计运行时间达到或超过 10 万 h 的主蒸汽管道和高温再热蒸汽管道，其弯管为非中频弯制的应予更换。若不具备更换条件，应予以重点监督，监督的内容主要为： a）弯管外弧侧、中性面的壁厚。 b）弯管外弧侧、中性面的硬度。 c）弯管外弧侧的金相组织。 d）弯管的椭圆度		

序号	评价项目	标准分	查证方法	扣分条款	扣分标准	扣分	查 评 依 据	标准化	隐患级别
1.1.1.2	汽水管道、阀门和设备	50	查阅设备缺陷记录、运行记录、安全阀校验记录、检修及运行规程，现场检查	⑦未按要求定期对导汽管、汽联络管、水联络管、下降管等炉外管道以及弯管、弯头、联箱封头等进行检查	5		《防止电力生产事故的二十五项重点要求》（国能安全〔2014〕161 号） 6.5.5.3 定期对导汽管、汽水联络管、下降管等炉外管以及联箱封头、接管座等进行外观检查、壁厚测量、圆度测量及无损检测，发现裂纹、冲刷减薄或圆度异常复圆等问题应及时采取打磨、补焊、更换等处理措施。 6.5.5.4 加强对汽水系统中的高中压疏水、排污、减温水等小径管的管座焊缝、内壁冲刷和外表腐蚀现象的检查，发现问题及时更换		一般
				⑧未按要求对汽水系统中的高中压疏水、排污、减温水等小径管的管座焊缝、内壁冲刷和外表腐蚀情况进行检查	5				一般
				⑨在管道上增加设计时没有考虑的永久性或临时性载荷	5		《火力发电厂汽水管道与支吊架维修调整导则》（DL/T 616—2006） 3.1.8 严禁利用管道作为其他重物起吊的支撑点，也不得在管道或支吊架上增加设计时没有考虑的永久性或临时性载荷		
				⑩未按要求进行安全阀校验	10		《锅炉安全技术监察规程》（TSG G0001—2012） 6.1.15 安全阀校验 （1）在用锅炉的安全阀每年至少校验一次，校验一般在锅炉运行状态下进行，如果现场校验有困难时或者对安全阀进行修理后，可以在安全阀校验台上进行； （2）新安装的锅炉或者安全阀检修、更换后，应当校验其整定压力和密封性； （3）安全阀经过校验后，应当加锁或者铅封，校验后的安全阀在搬运或者安装过程中，不能摔、砸、碰撞； （4）控制式安全阀应当分别进行控制回路可靠性试验和开启性能检验； （5）安全阀整定压力、密封性等检验结果应当记入锅炉安全技术档案	5.6.4.3.6	一般

序号	评价项目	标准分	查证方法	扣分条款	扣分标准	扣分	查 评 依 据	标准化	隐患级别
1.1.1.2	汽水管道、阀门和设备	50	查阅设备缺陷记录、运行记录、安全阀校验记录、检修及运行规程，现场检查	⑪安全阀整定值不符合要求	5		《电力工业锅炉压力容器监察规程》（DL 612—1996） 9.1.15　安全阀校验后其起座压力、回座压力、阀瓣开启高度应符合规定，并在锅炉技术登录簿或压力容器技术档案中记录。 安全阀一经校验合格就应加锁或铅封。严禁用加重物、移动重锤、将阀瓣卡死等手段任意提高安全起座压力或使安全阀失效。锅炉运行中禁止将安全阀解列	5.6.4.3.6	
				⑫安全阀校验记录不完整、不正确	5				
				⑬安全阀未按要求定期做排放试验	5		《电力工业锅炉压力容器监察规程》（DL 612—1996） 9.1.14　安全阀应定期进行放汽试验。锅炉安全阀的试验间隔不大于一个小修间隔。电磁安全阀电气回路试验每月进行一次。各类压力容器的安全阀每年至少进行一次放汽试验		一般
			查阅反事故措施及总结，检查压力容器注册铭牌、登记资料及检验报告，查阅事故分析报告	⑭防止压力容器爆漏措施执行不严	5～10				一般
				⑮在检修中，未重点检查可能因膨胀和机械原因引起承压部件爆漏的缺陷	5		《防止电力生产事故的二十五项重点要求》（国能安全〔2014〕161 号） 6.5.5.8　在检修中，应重点检查可能因膨胀和机械原因引起的承压部件爆漏的缺陷		一般
				⑯评价年度内发生压力容器、管道爆破事故	30/次			5.6.4.3.6	
				⑰压力容器内外部检验未按要求进行	5		《电站锅炉压力容器检验规程》（DL 647—2004） 8　压力容器安装质量监检 8.1　监检范围： a）压力容器本体及其接管座和支座；	5.6.4.3.6	一般

序号	评价项目	标准分	查证方法	扣分条款	扣分标准	扣分	查 评 依 据	标准化	隐患级别
1.1.1.2	汽水管道、阀门和设备	50	查阅反事故措施及总结,检查压力容器注册铭牌、登记资料及检验报告,查阅事故分析报告	⑰压力容器内外部检验未按要求进行	5		b）压力容器安全附件（包括安全阀、压力表、水位表等）; c）压力容器自动保护装置（包括高低压加热器疏水调节阀、压力式除氧器压力及水位自动调节装置）。 9 在役压力容器定期检验 9.1 检验范围同本规程第8.1条。 9.2 检验分类与周期: a）外部检验每年至少一次; b）内外部检验（结合机组大修进行），安全状况等级为1~2级的、每两个大修间隔进行一次（不超过6年），安全状况等级为3级的、每次大修进行一次（不超过3年），安全状况等级为4级的，根据检验报告所规定的日期进行; c）超压水压试验，每两次内外部检验期内，至少进行一次。 9.3 有下列情况之一的容器，应缩短检验间隔时间: a）投运后首次内外部检验周期一般为3年; b）材料焊接性能较差，且在制造时曾多次返修的; c）运行中发现严重缺陷或筒壁受冲刷壁厚严重减薄的; d）进行技术改造变更原设计参数的; e）使用期达20年以上、经技术鉴定确认不能按正常检验周期使用的; f）材料有应力腐蚀情况的; g）停止使用时间超过两年的; h）经缺陷安全评定合格后继续使用的; i）检验师（员）认为应该缩短周期的		
				⑱压力管道内外部检验未按要求进行	5		《电站锅炉压力容器检验规程》（DL 647—2004） 10 压力管道元件制造质量监检 10.1 监检范围: a）管子（直管）;		

续表

序号	评价项目	标准分	查证方法	扣分条款	扣分标准	扣分	查 评 依 据	标准化	隐患级别
1.1.1.2	汽水管道、阀门和设备	50	查阅反事故措施及总结，检查压力容器注册铭牌、登记资料及检验报告，查阅事故分析报告	⑱压力管道内外部检验未按要求进行	5		b）管件—弯管、弯头、三通、异径管、接管座、法兰、封头、堵头、流量孔板等； c）管道附件—支吊架、管夹、管托、紧固件等； d）安全附件及主要阀门。 11　压力管道安装质量监检 11.1　监检范围同本规程第10.1条。 12　在役压力管道定期检验 12.1　检验范围同本规程第10.1条。 12.2　检验分类与周期： a）外部检验，每年进行一次； b）定期检验，结合机组大修进行	5.6.4.3.6	一般
			查阅设备缺陷记录，现场检查	⑲炉水泵存在未消除的二、三类缺陷	2/项			5.6.4.3.4	
				⑳炉水泵存在影响机组安全运行的一类缺陷	5/项		《发电企业设备检修导则》（DL/T 838—2003） 10.3.3.1　设备经过修理，符合工艺要求和质量标准，缺陷确已消除，经验收合格后才可进行复装。复装时应做到不损坏设备、不装错零部件、不将杂物遗留在设备内	5.6.4.3.4	一般
1.1.1.3	燃烧器和燃油系统（含等离子、小油枪等）	30	查阅检修台账、设备缺陷记录，现场检查	①大修后存在未消除的一类缺陷	5/项			5.6.4.3.1	
				②系统设备存在二、三类缺陷	2/项			5.6.4.3.1	
				③油系统的管道不能够自由膨胀，管道没有采取防震、防磨措施	5		1.《防止电力生产事故的二十五项重点要求》（国能安全〔2014〕161号） 2.3.9　油管道要保证机组在各种运行工况下自由膨胀，应定期检查和维修油管道支吊架 2.中国华电集团公司《电力安全工作规程（热力和机械部分）（2013年版）》 7.7.12　油系统的管道应能够自由膨胀，并采取防震、防磨措施		

序号	评价项目	标准分	查证方法	扣分条款	扣分标准	扣分	查 评 依 据	标准化	隐患级别
1.1.1.3	燃烧器和燃油系统（含等离子、小油枪等）	30	查阅检修台账、设备缺陷记录，现场检查	④油系统违规使用铸铁（铜）阀门	5		中国华电集团公司《电力安全工作规程（热力和机械部分）（2013 年版）》 11.5.3 油系统管道阀门、法兰、接头等附件承压等级应按耐压试验等级选用；管道材质应进行检验、监督，符合"寿命管理"要求。油系统法兰禁止使用塑料垫、橡皮垫（含耐油橡皮垫）和石棉纸垫。不准使用铸铁（铜）阀门		重大Ⅱ级
				⑤对油系统法兰违规使用塑料垫、橡皮垫（含耐油橡皮垫）和石棉纸垫	5			5.6.4.8.3	重大Ⅱ级
				⑥油枪未定期清理或无清理记录	2/次		《防止电力生产事故的二十五项重点要求》（国能安全〔2014〕161 号） 6.2.1.15 锅炉点火系统应能可靠备用。定期对油枪进行清理和投入试验，确保油枪动作可靠、雾化良好，能在锅炉低负荷或燃烧不稳时及时投油助燃		
				⑦燃油系统软管未定期检查更换	5/次		《防止电力生产事故的二十五项重点要求》（国能安全〔2014〕161 号） 2.4.7 燃油系统的软管，应定期检查更换		
				⑧未进行燃烧器喷嘴检查或无检查记录	5		《防止电力生产事故的二十五项重点要求》（国能安全〔2014〕161 号） 6.2.2.2 重视锅炉燃烧器的安装、检修和维护，保留必要的安装记录，确保安装角度正确，避免一次风射流偏斜产生贴壁气流。燃烧器改造后的锅炉投运前应进行冷态炉膛空气动力场试验，以检查燃烧器安装角度是否正确，确定锅炉炉内空气动力场符合设计要求		
				⑨评价期内发生过燃烧器或一次风管烧损、一次风管堵塞	5~10/次				
				⑩燃烧器区域消防系统不完善或存在隐患	20~40		《火力发电厂与变电所设计防火规范》（GB 50229—2006） 7.1.8 机组容量为 300MW 及以上的燃煤电厂锅炉本体燃烧器采用缆式线型感温，雨淋或水喷雾灭火装置		重大Ⅱ级

序号	评价项目	标准分	查证方法	扣分条款	扣分标准	扣分	查 评 依 据	标准化	隐患级别
1.1.1.4	构架、支吊架和膨胀指示器	20	查阅检修台账、设备缺陷记录、金属监督计划与记录，现场检查	①未定期检查管道支吊架和膨胀指示器的状况，特别是机组启停前后的变化情况	5		1.《防止电力生产事故的二十五项重点要求》（国能安全〔2014〕161号） 6.5.5.5　按照《火力发电厂汽水管道与支吊架维修调整导则》（DL/T 616—2006）的要求，对支吊架进行定期检查。运行时间达到10万h的主蒸汽管道、再热蒸汽管道的支吊架应进行全面检查和调整。 2.《火力发电厂汽水管道与支吊架维修调整导则》（DL/T 616—2006） 4.1.10　主蒸汽管道、高低温再热蒸汽管道、高压给水管道等重要管道的支吊架，每年应在热态时逐个目测一次，并记入档案。检查项目应包括但不限于下列内容： a）弹簧支吊架是否过度压缩、偏斜或失载； b）恒力弹簧支吊架转体位移指示是否越限； c）支吊架的水平位移是否异常； d）固定支吊架是否连接牢固； e）限位装置状态是否异常； f）减振器及阻尼器位移是否异常等。 4.1.11　一般汽水管道，大修时应对重要支吊架进行检查，检查项目至少应包括下列内容： a）承受安全阀、泄压阀排汽反力的液压阻尼器的油系统与行程； b）承受安全阀、泄压阀排汽反力的刚性支吊架间隙； c）限位装置、固定支架结构状态是否正常； d）大荷载刚性支吊架结构状态是否正常等。 其他支吊架可进行目测观察，发现问题应及时处理；观察与处理情况应记录存档。 4.1.12　主蒸汽管道、高低温再热蒸汽管道、高压给水管道等重要管道投运后3万h~4万h及以后每次大修时，应对管道和所有支吊架的管部、根部、连接件、弹簧组件、减振器与阻尼器进行一次全面检查，做好记录。		
				②锅炉构架存在超标变形、表面缺陷和焊缝缺陷	5～10			5.6.3.4	一般

序号	评价项目	标准分	查证方法	扣分条款	扣分标准	扣分	查评依据	标准化	隐患级别
1.1.1.4	构架、支吊架和膨胀指示器	20	查阅检修台账、设备缺陷记录、金属监督计划与记录，现场检查	③存在支吊架松脱、偏斜、卡死、损坏或不承载等现象	2/处		4.1.13 其他管道，根据日常目测和抽样检测的结果，确定是否对支吊架进行全面检查。当管道已经运行了8万h后，即使未发现明显问题，也应计划安排一次支吊架的全面检查。支吊架全面检查的项目至少应包括下列内容： a）承载结构与根部钢结构是否有明显变形，支吊架受力焊缝是否有宏观裂纹； b）变力弹簧支吊架的荷载标尺指示或恒力弹簧支吊架的转体位置是否正常； c）支吊架活动部件是否卡死、损坏或异常； d）吊杆及连接配件是否损坏或异常； e）刚性支吊架结构状态是否损坏或异常； f）限位装置、固定支架结构状态是否损坏或异常； g）减振器、阻尼器的油系统与行程是否正常； h）管部、根部、连接件是否有明显变形，主要受力焊缝是否有宏观裂纹	5.6.3.4	
				④违规在支吊架上增加设计时没有考虑的永久性或临时性载荷	5		《火力发电厂汽水管道与支吊架维修调整导则》（DL/T 616—2006） 3.1.8 严禁利用管道作为其他重物起吊的支撑点，也不得在管道或支吊架上增加设计时没有考虑的永久性或临时性载荷		
				⑤管道安装完毕和机组每次大修时，未对管道支吊架进行检验	10		《火力发电厂汽水管道与支吊架维修调整导则》（DL/T 616—2006） 4.1.3 支吊架日常维护的检查以目测为准，当发现异常时，进行针对性检查。在大修和认为有必要时，进行全面检查	5.6.3.4	
				⑥支吊架、膨胀指示器部件有缺失	2/处		《300MW级锅炉运行导则》（DL/T 611—1996） 5.1.3 设备检查 5.1.3.2 设备检查依照检查卡进行。主要对锅炉汽水系统、烟风系统、制粉系统、燃油系统、燃烧系统、吹灰系统、压缩空气系统、除灰、除渣系统的设备进	5.6.3.4	

序号	评价项目	标准分	查证方法	扣分条款	扣分标准	扣分	查 评 依 据	标准化	隐患级别
1.1.1.4	构架、支吊架和膨胀指示器	20	查阅检修台账、设备缺陷记录、金属监督计划与记录，现场检查	⑥支吊架、膨胀指示器部件有缺失	2/处		行检查。要求各种汽（气）、水、油阀门状态良好，开关位置正确，各烟、风门内部位置与外部指示一致。各种管道保温良好，支吊架齐全，外部颜色标记符合〔80〕电技字第26号《电力工业技术管理法规》（试行）的规定。 　　5.1.3.3　各部膨胀指示器安装齐全，安装位置正确，指示刻度清晰，无任何影响膨胀的杂物及设施存在		
				⑦支吊架、膨胀指示器无检查、检修记录	5		《火力发电厂汽水管道与支吊架维修调整导则》（DL/T 616—2006） 　　5.3.3　运行阶段的技术档案内容 　　e）支吊架检查记录和位移指示器检查记录		
				⑧无构架、螺栓等防腐、变形检查记录	5		《电站锅炉压力容器检验规程》（DL 647—2004） 　　6.9　锅炉外部检验对锅炉房安全设施、承重件及悬吊装置的质量要求： 　　a）锅炉房零米层、运转层和控制室至少设有两个出口，门向外开。 　　b）汽水系统图齐全，符合实际，可准确查阅。 　　c）通道畅通，无杂物堆放。 　　d）控制室、值班室应有隔音层，安全阀、排气阀宜装有消声器。 　　e）照明设计符合电力部电安生〔1994〕227号文及有关专业技术规程规定，灯具开关完好；事故控制电源和事故照明电源完好能随时投入运行。 　　f）地面平整，不积水，沟道畅通，盖板齐全。 　　g）孔洞周围有栏杆、护板，室内有防水、排水设施，照明充足。 　　h）楼梯、平台、通道、栏杆、护板完整，楼板应有明显的载荷限量标识。 　　i）承重结构无过热、腐蚀，承力正常；各悬吊点无变形、裂纹、卡涩，无歪斜，承力正常，方向符合设计规定；吊杆螺栓、螺帽无松动，吊杆表面无严重氧化腐蚀。 　　j）消防设施齐全、完好，应经验收合格。 　　k）电梯安全可靠，竖井各层的门有闭锁装置		

续表

序号	评价项目	标准分	查证方法	扣分条款	扣分标准	扣分	查 评 依 据	标准化	隐患级别
1.1.2	循环流化床锅炉本体的设备管理	90							
1.1.2.1	循环系统设备管理	30	查阅检修记录，现场查询设备状况	①未对循环系统内耐磨材料及内部结焦、积灰情况进行检查，或无检查记录	5		《循环流化床锅炉检修导则 第2部分：锅炉本体检修》（DL/T 1035.2—2006） 6 循环系统的检修（注：有关内容摘录自表3） 检查内壁耐磨耐火材料： （1）检查分离器出、入口烟道耐磨耐火材料脱落、磨损情况。 （2）检查筒体及锥体内部各部耐火材料开裂、脱落、磨损情况。 （3）检查回料系统耐磨耐火材料脱落、磨损情况。 （4）汽冷式分离器若发生耐磨材料脱落，应对暴露的管子进行测厚	5.6.3.4	
				②评价年度内发生过分离器检查维护不到位引起循环不畅，阻力超过设计值	5/次				
				③评价年度内因回料器回料不畅导致局部结焦	5/次			5.6.3.4	
				④发生因回料不畅导致局部结焦事件后未采取有效的措施	5				
				⑤回料器风帽磨损严重（达10%及以上）	3～5		《循环流化床锅炉检修导则 第2部分：锅炉本体检修》（DL/T 1035.2—2006） 6 循环系统的检修（注：有关内容摘录自表3） 风帽磨损检查： （1）宏观检查风帽的磨损情况，发现磨损严重部位可进行壁厚测量。 （2）对风帽四周出风孔进行检查，测量出风孔直径并记录。 （3）对上述磨损严重超标的风帽进行更换	5.6.3.4	
				⑥评价年度内因冷却或流化不足，致使锥形阀卡涩，甚至无法回料	10/次				
				⑦评价年度内回料系统金属膨胀节超温烧损	5/次		《循环流化床锅炉检修导则 第2部分：锅炉本体检修》（DL/T 1035.2—2006） 10 金属膨胀节（高温）的检修（注：有关内容摘录自表7） 1. 检查金属膨胀节内部的耐火层和保温层。（完好，无脱落、裂纹）		一般

序号	评价项目	标准分	查证方法	扣分条款	扣分标准	扣分	查 评 依 据	标准化	隐患级别
1.1.2.1	循环系统设备管理	30	查阅检修记录，现场查询设备状况	⑧发生膨胀节烧损后未采取有效的措施	5		2. 检查隔热材料。（完好，无损失、碳化） 3. 蛇形不锈钢弹性压片、密封圈。（完整，无变形，两头无开焊）		一般
				⑨检修未对中心筒磨损、变形情况进行检查，或无检查记录	5		《循环流化床锅炉检修导则　第2部分：锅炉本体检修》（DL/T 1035.2—2006） 6　循环系统的检修（注：有关内容摘录自表3） 检查中心筒磨损情况： （1）拼接焊缝无开焊； （2）中心筒无磨穿，剩余壁厚大于原厚度的2/3，中心筒变形不超过制造厂家的要求； （3）支吊牢固，偏心值、支吊处膨胀间隙符合设计要求		
				⑩评价年度内发生分离器中心筒脱落	20/次				一般
1.1.2.2	流化系统设备管理	30	查阅检修记录，现场查询设备状况	①未对布风板、风帽、风室等进行检查，或无检查记录	5		《循环流化床锅炉检修导则　第2部分：锅炉本体检修》（DL/T 1035.2—2006） 8　炉膛水冷风室、布风板风帽及排渣阀的检修（注：有关内容摘录自表5） （2）清理布风板风帽四周灰尘，对所有出风孔进行全面检查。 （3）利用专业工具将堵塞的出风孔疏通。 （5）宏观检查风帽的磨损情况，发现磨损部位做好记录，全面检查风帽有无脱落情况存在。 （6）对局部磨损严重的风帽进行更换。 （7）对风帽四周出风孔进行检查，磨损严重的风帽应更换。 （8）检查所有风帽有无松动现象，对松动的风帽应进行固定。 （9）风帽更换：将风帽拆下，更换上新风帽，拧满丝，下部用不锈钢块点焊固定。注意风帽的标高、角度应符合设计要求		
				②评价年度内因流化不均造成的床温剧烈波动或局部结焦	5/次				
				③风帽磨损严重，存在风帽碳化、脱落、堵塞达10%及以上	5~8			5.6.3.4	
				④在评价期内出现风室大量漏渣影响锅炉运行	10/次			5.6.3.4	一般
				⑤出现风室大量漏渣影响锅炉运行事件后未采取有效整改措施	10				
				⑥出现风帽堵塞引起流化不均匀	5/次			5.6.3.4	

序号	评价项目	标准分	查证方法	扣分条款	扣分标准	扣分	查 评 依 据	标准化	隐患级别
1.1.2.3	耐火防磨	30	查阅检修、维护记录及总结，现场查询设备状况	①无耐火防磨层的检查情况记录	5				
				②耐火防磨层施工、检修未达到设计要求	5			5.6.3.4	
				③在评价年度内存在耐火防磨层施工不规范，导致受热面磨损泄漏	10/次		《循环流化床锅炉检修导则 第5部分：耐磨材料》（DL/T 1035.5—2006） 4 耐火耐磨层的检修（注：有关内容摘录自表1） 耐火耐磨、保温浇注料的检查： （1）从外观检查并记录耐火耐磨、保温浇注料的冲刷磨损情况以及裂纹、脱落等缺陷，超过厂家规定值应进行更换。 （2）检查耐火耐磨、保温材料内部密实情况。 2. 耐火耐磨、保温砖的检查： （1）检查耐火耐磨、保温砖是否有垮塌、错位、磨损等情况，严重的应更换。 （2）检查并记录耐火耐磨、保温砖的冲刷磨损情况，支撑铁件变形、断裂的应更换	5.6.3.4	一般
				④评价年度内出现密相区、给煤口、二次风口、排渣口浇注料因裂纹、脱落而导致的锅炉外壁超温甚至漏灰	3/次			5.6.3.4	
				⑤评价年度内出现因流化床锅炉燃烧室、回料斜腿、回料器、旋风分离器等部位内衬浇注料不完整，金属外表面超温现象	3/次			5.6.3.4	
				⑥评价年度内因耐磨料裂缝、脱落最终导致影响锅炉出力	5/次			5.6.3.4	
				⑦评价年度内因耐磨料裂缝、脱落最终导致停炉	20/次			5.6.3.4	

序号	评价项目	标准分	查证方法	扣分条款	扣分标准	扣分	查 评 依 据	标准化	隐患级别
1.2	锅炉本体的运行管理（包括其他锅炉需要检查的通用项目）	370							
1.2.1	常规锅炉本体的运行管理	210							
1.2.1.1	防止锅炉炉膛爆炸	30	查阅炉膛压力相关记录（分散控制系统数据库等记录）	①炉膛压力超过报警值	2/次		《电站煤粉锅炉炉膛防爆规程》（DL/T 435—2004） 3.2.6 燃烧调节系统 e）对于平衡通风的炉膛，炉膛运行压力应控制在规定的限值范围内，并提供有压力越限时的报警和保护	5.6.4.3.1	
			查阅事故分析报告、现场记录、运行规程、反事故措施及总结	②评价年度内因运行值班人员监视、操作不到位发生的炉膛爆炸造成主要设备损坏	30～60/次			5.6.4.3.1	
				③评价年度内发生锅炉灭火	10～20/次				
				④评价年度内因运行值班人员监视、操作不到位造成锅炉灭火的机组非计划停运	30/次				
				⑤未制定防止锅炉灭火、结焦、炉膛爆炸事故措施	10		1.《防止电力生产事故的二十五项重点要求》（国能安全〔2014〕161号） 6.2.1.2 根据《电站煤粉锅炉炉膛防爆规程（DL/T 435—2004）中有关防止炉膛灭火放炮的规定以及设备的实际状况，制定防止锅炉灭火放炮的措施，应包括煤质监督、混配煤、燃烧调整、低负荷运行等内容，并严格执行。	5.6.4.3.1	

序号	评价项目	标准分	查证方法	扣分条款	扣分标准	扣分	查 评 依 据	标准化	隐患级别
1.2.1.1	防止锅炉炉膛爆炸	30	查阅事故分析报告、现场记录、运行规程、反事故措施及总结	⑥防止锅炉灭火、结焦、炉膛爆炸措施不全面或执行不严	5～10		2.《300MW 级锅炉运行导则》（DL/T 611—1996） 6.3.3.4　结渣的预防 锅炉受热面结渣的主要原因取决于燃煤的结渣特性及燃烧工况。因此，除按上述调整原则组织良好的炉内燃烧工况、注意监视各段工质温度的变化外，还应加强燃料的管理工作，电厂用煤应长期固定；若煤种多变，应加强混、配煤，使其尽量接近设计煤种；运行中加强锅炉吹灰工作，防止受热面积灰、结渣；发现结渣，及时采取措施。对于有严重结渣倾向的锅炉，现场应制定防止结渣的具体措施	5.6.4.3.1	一般
				⑦存在影响锅炉燃烧的缺陷，未采取防范措施	5～10		《中国华电集团公司电力安全事故调查规程》（中国华电安制〔2014〕264 号） 第三条　事故调查处理落实"依法依规、实事求是、科学严谨、注重实效"原则，集团公司"内部调查"和政府部门"外部调查"并行，做到"原因不清楚不放过，应受教育者未受到教育不放过，未采取防范措施不放过，责任者未受到处罚不放过"	5.6.4.3.1	
				⑧灭火后原因分析不清，或未及时完善防止锅炉灭火、炉膛爆炸措施	5～10			5.6.4.3.1	一般
				⑨炉内严重结焦，影响机组安全运行	10/台			5.6.4.3.1	一般
				⑩运行人员不能及时掌握煤质数据	5		《防止电力生产事故的二十五项重点要求》（国能安全〔2014〕161 号） 6.2.1.3　加强燃煤的监督管理，完善混煤设施。加强配煤管理和煤质分析，并及时将煤质情况通知运行人员，做好调整燃烧的应变措施，防止发生锅炉灭火。 6.2.2.5　应加强电厂入厂煤、入炉煤的管理及煤质分析，发现易结焦煤质时，应及时通知运行人员		

序号	评价项目	标准分	查证方法	扣分条款	扣分标准	扣分	查 评 依 据	标准化	隐患级别
1.2.1.1	防止锅炉炉膛爆炸	30	查阅事故分析报告、现场记录、运行规程、反事故措施及总结	⑪严重结渣的部位及原因未查明，无防范措施或措施不落实的	10		《中国华电集团公司电力安全事故调查规程》（中国华电安制〔2014〕264号） 第三条 事故调查处理落实"依法依规、实事求是、科学严谨、注重实效"原则，集团公司"内部调查"和政府部门"外部调查"并行，做到"原因不清楚不放过，应受教育者未受到教育不放过，未采取防范措施不放过，责任者未收到处罚不放过"	5.6.4.3.1	一般
				⑫对易结焦煤种未进行结焦特性分析、配煤掺烧试验	5		《中国华电集团公司防止电力生产事故重点措施补充要求（试行）》 3.8 防止煤质变化大影响安全生产措施 针对近年来煤炭市场供应局部紧张，燃用煤种发生较大偏差，严重影响安全生产的情况，强调、补充以下防范措施： 3.8.1 加强煤炭的管理，尽量燃用设计煤种。对新煤种的试烧要制定相应的措施和手段，要加强来煤的采制化验收，搞好煤场配煤和掺烧工作。运行人员要加强燃烧调整和跟踪分析。不明煤种禁止取用。对新煤源取样分析，合格后方可使用。 3.8.2 加大对入厂煤的选购、运输和检测力度，挑选合适的煤种。加强技术监督，对现用煤源进行跟踪化验，对新煤源进行灰成分分析后方可允许进煤场。 3.8.3 合理掺烧，尽量降低其结焦性和黏结性指标；加强内部管理，及时发现问题与供煤企业沟通、协调并及时向政府有关部门反映。对锅炉进行优化燃烧试验，认真详细测量炉膛出口温度，针对现有的燃用煤种，对锅炉进行优化燃烧试验，尽可能降低炉膛出口烟温		
				⑬灭火后投助燃油或用爆燃法点火	20/次		中国华电集团公司《电力安全工作规程（热力和机械部分）（2013年版）》 5.1.8 当锅炉濒临灭火时，禁止投油、气助燃。当发现锅炉灭火时，禁止采用关小风门、继续给粉、给油、给气使用爆燃的方法来引火。锅炉灭火后，必须立即停止给粉、油、气；只有经过充分吹扫（5min）后，方可重新点火	5.6.4.3.1	重大Ⅱ级

序号	评价项目	标准分	查证方法	扣分条款	扣分标准	扣分	查 评 依 据	标准化	隐患级别
1.2.1.1	防止锅炉炉膛爆炸	30	查阅现场记录、工作日志、定期工作记录或操作票	⑭未按规定进行燃油速断阀定期试验	10		中国华电集团公司《发电厂生产典型事故预防措施》 8.4.4 加强点火油系统的维护管理，消除漏泄，防止燃油漏入炉膛发生爆燃，对燃油速断阀和炉前油系统要做定期漏泄试验，确保其动作正常，关闭严密	5.6.4.3.1	一般
				⑮锅炉点火前未进行燃油系统泄漏试验或燃油系统泄漏不合格机组启动	10/次				一般
				⑯未定期对油枪进行投入试验或等离子点火装置进行定期拉弧试验	2/次		《防止电力生产事故的二十五项重点要求》（国能安全〔2014〕161 号） 6.2.1.15 锅炉点火系统应能可靠备用。定期对油枪进行清理和投入试验，确保油枪动作可靠、雾化良好，能在锅炉低负荷或燃烧不稳时及时投油助燃		
1.2.1.2	过热器、再热器壁温控制	30	查阅壁温超温记录（超温记录簿、分散控制系统数据库记录）、管壁温度考核制度和考核记录	①无管壁超温记录	5		《防止火电厂锅炉四管爆漏技术导则》（能源电〔1992〕1069 号） 4.2.5 加强对过热器、再热器管壁温度的监测，实事求是地做好记录，发现超温应及时分析原因，并尽可能首先从运行调整着手解决超温问题		
				②管壁超温记录不齐全	2/次				
				③无管壁温度超运行规程限值的考核制度	5		《防止电力生产事故的二十五项重点要求》（国能安全〔2014〕161 号） 6.5.7.6 不论是机组启动过程，还是运行中，都必须建立严格的超温管理制度，认真落实，严格执行规程，杜绝超温		
				④未严格执行管壁温度超运行规程限值的考核制度	5~10				
				⑤管材为 T23 的，其使用区域的管壁温度超过 570℃，且蒸汽温度超过 540℃的	5~10		《中国华电集团公司关于超临界机组锅炉管蒸汽侧氧化皮防治的若干措施（修订）》（中国华电生制〔2011〕1254 号） 1.1.3 锅炉受热面不宜选用 T23 管材(对已建使用 T23 材料的锅炉，其使用区域的管壁温度不应超过 570℃，且蒸汽温度不应超过 540℃）。		一般
				⑥管材为 T91 的，其使用区域的管壁温度超过 595℃，且蒸汽温度超过 570℃的	5~10		1.1.4 锅炉受热面选用 T91 管材时，其使用区域的管壁温度不应超过 595℃，且蒸汽温度不应超过 570℃。		一般

续表

序号	评价项目	标准分	查证方法	扣分条款	扣分标准	扣分	查 评 依 据	标准化	隐患级别
1.2.1.2	过热器、再热器壁温控制	30	查阅壁温超温记录（超温记录簿、分散控制系统数据库记录）、管壁温度考核制度和考核记录	⑦对选材偏低的在役锅炉，改造之前未按照金属材料的最新规定使用温度降温运行	10		2 机组运行控制措施 2.1 减缓氧化皮生长增厚措施 2.1.1 制定并落实防锅炉超温、超压措施，严禁超温、超压运行。建立壁温监测台账，对运行中出现的超温、超压情况做好详细记录，包括超温温度、超压压力、运行时间等，并加强统计分析。对于在役锅炉选材偏低的，在改造之前应按金属材料的最新使用规定温度降温运行。 2.1.2 严格控制锅炉横断面各管屏温度的偏差，加强受热面的热偏差监视和燃烧调整，改善烟道温度场的分布及受热面管子的吸热均匀性，有效降低受热面管子的壁温偏差和汽温偏差，防止受热面局部超温运行		一般
				⑧锅炉横断面管屏温度偏差超标	3/次				一般
			查阅运行规程、现场记录、反事故措施及总结	⑨评价年度内发生因超温爆管导致的机组非计划停运事件	30/次				
				⑩爆管后原因分析不清，或未及时完善防管壁温度超运行规程限值的防范措施	10/次		《中国华电集团公司电力安全事故调查规程》（中国华电安制〔2014〕264号） 第三条 事故调查处理落实"依法依规、实事求是、科学严谨、注重实效"原则，集团公司"内部调查"和政府部门"外部调查"并行，做到"原因不清楚不放过，应受教育者未受到教育不放过，未采取防范措施不放过，责任者未受到处罚不放过"	5.6.4.3.6	
				⑪无防管壁温度超运行规程限值的防范措施	10				
				⑫未严格执行管壁温度超运行规程限值的防范措施	5~10				一般

24

序号	评价项目	标准分	查证方法	扣分条款	扣分标准	扣分	查 评 依 据	标准化	隐患级别
1.2.1.3	主蒸汽、再热汽参数控制	25	查阅运行规程、运行日志,检查压力、温度记录曲线或分散控制系统数据库记录	①无参数超限记录	5		《300MW 级锅炉运行导则》（DL/T 611—1996） 6.1　锅炉运行调整的主要任务 6.1.1　保持锅炉蒸发量满足机组负荷需要,且不得超过最大蒸发量。 6.1.2　保持蒸汽参数和汽水品质在规定范围内,稳定给水流量,保持汽包正常水位。 6.1.3　及时进行正确的调整操作,保持燃烧良好,减少热损失,提高锅炉热效率。 6.1.4　降低污染物的排放		
				②参数超限记录不齐全	2/次				
				③评价年度内达到运行规程规定的紧急停机值	10/次			5.6.4.3.6	一般
			查阅现场记录、运行规程、反事故措施及总结	④未制定防止主蒸汽、再热蒸汽参数超限的防范措施	5				
				⑤未严格执行防止主蒸汽、再热蒸汽参数超限的防范措施	5~10				
				⑥未制订主蒸汽、再热蒸汽参数超限的考核制度	5				
				⑦未按主蒸汽、再热蒸汽参数超限的考核制度进行考核	10				
				⑧锅炉存在超过设计最大出力连续运行的情况	10/次			5.6.4.3.6	一般
1.2.1.4	汽包水位控制（含直流炉汽水分离器相关评价内容）	25	查阅运行规程、反事故措施计划及总结	①未制定防止锅炉满水和缺水事故的措施	5				
				②防止锅炉满水和缺水事故的措施不全面或执行不严	5~10				
				③评价年度内因汽包水位调整不当导致的非计划停运事件	30/次			5.6.4.3.4	

序号	评价项目	标准分	查证方法	扣分条款	扣分标准	扣分	查 评 依 据	标准化	隐患级别
1.2.1.4	汽包水位控制（含直流炉汽水分离器相关评价内容）	25	查阅定期试验记录、汽包就地和远传水位表定期校对记录、定期工作记录、运行操作票，现场检查	④未按规定定期校对汽包水位	5/次		《防止电力生产事故的二十五项重点要求》（国能安全〔2014〕161号） 6.4.5　按规程要求定期对汽包水位计进行零位校验，核对各汽包水位测量装置间的示值偏差，当偏差大于30mm时，应立即汇报，并查明原因予以消除。当不能保证两种类型水位计正常运行时，必须停炉处理。	5.6.4.3.4	
				⑤未按规定进行水位高低报警试验	5/次		6.4.6　严格按照运行规程及各项制度，对水位计及其测量系统进行检查及维护。机组启动调试时应对汽包水位校正补偿方法进行校对、验证，并进行汽包水位计的热态调整及校核。新机组验收时应有汽包水位计安装、调试及试运专项报告，列入验收主要项目之一。	5.6.4.3.4	
				⑥未按规定定期进行事故放水门开关试验	5/次		6.4.8.3　锅炉汽包水位保护在锅炉启动前和停炉前应进行实际传动校检。用上水方法进行高水位保护试验、用排污门放水的方法进行低水位保护试验，严禁用信号短接方法进行模拟传动替代	5.6.4.3.4	一般
				⑦就地水位计液面和刻度不清晰	2/处		厂家说明书	5.6.4.3.4	
				⑧未按规定进行水位计冲洗	2/次			5.6.4.3.4	
				⑨水位计正常照明及事故照明不能正常投运或无事故照明	3～5		中国华电集团公司《电力安全工作规程（热力和机械部分）（2013版）》 2.3.14　工作场所必须设有符合规定照度的照明。在主控制室、重要表计（如水位计等）、主要楼梯、通道等地点，必须设有事故照明		

序号	评价项目	标准分	查证方法	扣分条款	扣分标准	扣分	查 评 依 据	标准化	隐患级别
1.2.1.4	汽包水位控制（含直流炉汽水分离器相关评价内容）	25	查阅定期试验记录、汽包就地和远传水位表定期校对记录、定期工作记录、运行操作票，现场检查	⑩控制室内未按规定装设远传水位计	10		《电站工业锅炉压力容器监察规程》（DL 612—1996） 9.3.1～9.3.5 每台蒸汽锅炉至少装两只彼此独立的就地水位表和两只远传水位表；控制室内至少装两只可靠的远传水位表，每只远传水位表在运行规程规定的最低、最高安全水位刻度处应有明显的标记	5.6.4.3.4	一般
1.2.1.5	防止锅炉尾部再次燃烧	20	查阅运行规程、反事故措施及总结	①未制定防止锅炉尾部再次燃烧的防范措施	5		《防止电力生产事故的二十五项重点要求》（国能安全〔2014〕161号） 6.1 防止锅炉尾部再次燃烧事故 6.1.1 防止锅炉尾部再次燃烧事故，除了防止回转式空气预热器转子蓄热元件发生再次燃烧事故外，还要防止脱硝装置的催化元件部位、除尘器及其干除灰系统以及锅炉底部干除渣系统的再次燃烧事故		
				②防止锅炉尾部再次燃烧的防范措施不全面或执行不严	5～10				
			查阅事故分析报告及防止再发生事故的措施，现场查询、查阅记录	③评价年度内发生再次燃烧事件	20～40/次			5.6.4.3.5	
				④发生再次燃烧事件原因分析不清，或未及时完善防止锅炉尾部烟道再燃烧的防范措施	10/次		《中国华电集团公司电力安全事故调查规程》（中国华电安制〔2014〕264号） 第三条 事故调查处理落实"依法依规、实事求是、科学严谨、注重实效"原则，集团公司"内部调查"和政府部门"外部调查"并行，做到"原因不清楚不放过，应受教育者未受到教育不放过，未采取防范措施不放过，责任者未受到处罚不放过"	5.6.4.3.5	
1.2.1.6	锅炉启停	30	查阅运行记录（膨胀指示记录、升温升压记录、炉膛通风吹扫记录等）、分散控制系统数据库壁温或烟温等记录，查阅运行规程、操作票，现场检查	①锅炉启停中未执行炉膛通风吹扫规定	20		《200MW级锅炉运行导则》（DL/T 610—1996） 5.2.2.1 对炉膛和烟道进行吹扫，清除炉内积存的可燃物。对于燃煤炉，吹扫风量大于25%的额定风量，燃油炉大于30%的额定风量。吹扫时间应不少于5min	5.6.4.3.5	重大II级

序号	评价项目	标准分	查证方法	扣分条款	扣分标准	扣分	查 评 依 据	标准化	隐患级别
1.2.1.6	锅炉启停	30	查阅运行记录（膨胀指示记录、升温升压记录、炉膛通风吹扫记录等）、分散控制系统数据库壁温或烟温等记录，查阅运行规程、操作票，现场检查	②升温升压或降温降压速率未按规程规定进行	2/次		《锅炉压力容器监察规程》（DL 612—1996） 13.3　锅炉启动、停炉方式，应根据设备结构特点和制造厂提供的有关资料或通过试验确定，并绘制锅炉压力、温度升（降）速度的控制曲线。启动过程中应特别注意锅炉各部的膨胀情况，认真做好膨胀指示记录。汽包锅炉应严格控制汽包壁温差，上、下壁温差不超过40℃		一般
				③汽包壁温差未按运行规程规定控制	5/次				
				④启停时膨胀记录不准或记录不齐全	2/次				
				⑤受热面壁温或烟温未按运行规程规定控制	5/次		《200MW级锅炉运行导则》（DL/T 610—1996） 5.4　锅炉启动中的安全规定 5.4.1　汽包上、下壁温差不大于50℃，否则应停止升压，消除原因后再继续升压。 5.4.2　蒸汽的升温速度为1～1.5℃/min，启动前期应慢些，后期可快些。 5.4.4　两侧蒸汽温差不大于30℃，两侧烟气温差不大于50℃，并控制过热器、再热器管壁温度不超过允许值		一般
				⑥再热器未通汽时炉膛出口烟温大于运行规程规定值	5/次		《300MW级锅炉运行导则》（DL/T 611—1996） 5.2.2.3　再热器无蒸汽通过时，炉膛出口烟温按制造厂规定控制，制造厂无规定时应不超过540℃		一般
				⑦启停时未执行汽包水位实际传动校验	5/次		《防止电力生产事故的二十五项重点要求》（国能安全〔2014〕161号） 6.4.8.3　锅炉汽包水位保护在锅炉启动前和停炉前应进行实际传动校检		
				⑧启停炉过程中炉膛出口及尾部烟道两侧烟温偏差大于规定值	3/次		《200MW级锅炉运行导则》（DL/T 610—1996） 5.4　锅炉启动中的安全规定。 5.4.4　两侧蒸汽温差不大于30℃，两侧烟气温差不大于50℃，并控制过热器、再热器管壁温度不超过允许值		

序号	评价项目	标准分	查证方法	扣分条款	扣分标准	扣分	查 评 依 据	标准化	隐患级别
1.2.1.6	锅炉启停	30	查阅运行记录（膨胀指示记录、升温升压记录、炉膛通风吹扫记录等）、分散控制系统数据库壁温或烟温等记录，查阅运行规程、操作票，现场检查	⑨启停炉过程中未按规定对本体受热面和空气预热器进行吹灰	5/次		《防止电力生产事故的二十五项重点要求》（国能安全〔2014〕161 号） 6.1.9.3 机组启动期间，锅炉负荷低于 25%额定负荷时空气预热器应连续吹灰；锅炉负荷大于 25%额定负荷时至少每 8h 吹灰一次；当回转式空气预热器烟气侧压差增加时，应增加吹灰次数；当低负荷煤、油混烧时，应连续吹灰		一般
				⑩锅炉停运后未按化学专业要求做保养措施	10/次		《300MW 级锅炉运行导则》（DL/T 611—1996 ） 7.8 停炉后的保养 7.8.1 锅炉在备用期间的主要问题是防止受热面金属腐蚀，减少锅炉设备的寿命损耗。 7.8.2 锅炉停用期间的保养根据设备及实际情况确定保养方案，但不提倡使用对人体和环境有害的保护方法		一般
				⑪锅炉停运后未执行防冻（冬季）措施	10/次		《300MW 级锅炉运行导则》（DL/T 611—1996 ） 7.10 锅炉的冬季防冻 7.10.1 冬季应将锅炉各部分的伴热系统、各辅机油箱加热装置、各处取暖装置投入运行，确保正常。 7.10.2 冬季停炉时，应尽可能采用干式保养。若锅内有水，应投入水冷壁下联箱蒸汽加热。 7.10.3 锅炉停运时，备用设备的冷却水应保持畅通或将水放净，以防管道冻结。 7.10.4 厂房及辅机室门窗关闭严密，设备系统的各处保温完好，发现缺陷应及时进行消除。 7.10.5 根据实际情况制定具体的防冻措施		一般
1.2.1.7	锅炉连排、定排排污情况	10	查阅运行日志、运行规程、排污记录、操作票	①无排污记录	5		《300MW 级锅炉运行导则》（DL/T 611—1996） 6.7.1 为了保证锅炉汽水品质合格，根据化学监督要求，对锅炉进行定期排污和连续排污		
				②排污记录不齐全	2/次				
				③未按化学专业要求或定期工作要求进行排污	5/次				

序号	评价项目	标准分	查证方法	扣分条款	扣分标准	扣分	查 评 依 据	标准化	隐患级别
1.2.1.8	过热器电磁释放阀定期试验	10	查阅运行规程、定期工作记录、操作票	①过热器电磁释放阀定期试验工作执行不严或记录不全	5/次		《电力工业锅炉压力容器监察规程》（DL 612—1996） 9.1.14　安全阀应定期进行放汽试验。锅炉安全阀的试验间隔不大于一个小修间隔。电磁安全阀电气回路试验每月进行一次。各类压力容器的安全阀每年至少进行一次放汽试验	5.6.4.3.6	一般
				②运行中机组的过热器电磁释放阀未投自动方式	5		《防止电力生产事故的二十五项重点要求》（国能安全〔2014〕161号） 7.1.3　运行中的压力容器及其安全附件(如安全阀、排污阀、监视表计、连锁、自动装置等)应处于正常工作状态。设有自动调整和保护装置的压力容器，其保护装置的退出应经单位技术总负责人批准。保护装置退出后，实行远控操作并加强监视，且应限期恢复	5.6.4.3.6	
1.2.1.9	防止炉水泵损坏	15	查阅运行规程、运行记录、操作票、事故分析报告，现场检查	①炉水泵及其辅助系统的缺陷未及时填报	3/条		《300MW级锅炉运行导则》（DL/T 611—1996） 8.6　锅水循环泵 8.6.1　锅水循环泵的启动条件 8.6.1.1　锅水循环泵的注水排空气操作要在锅炉上水前完成。锅炉上水至汽包最高可见水位时，还应进行炉水循环泵的"点动"排空气。 8.6.1.2　锅水循环泵在下列情况下要注入一次冷却水： a）锅炉上水前到蒸汽压力升到规定值。 b）锅炉放水前到放水完成。 c）锅炉酸洗和水洗时。 d）炉水太脏时。 e）一次冷却水有泄漏时。 8.6.1.3　锅水循环泵启动前，热工及电气保护、监视仪表、联锁等应投入。电动机绝缘合格，二次冷却水流量符合要求。 8.6.1.4　锅水循环泵启动在锅炉水位正常后进行。 8.6.2　锅水循环泵的启动 8.6.2.1　根据需要分别启动各台锅水循环泵运行。		
				②未按运行规程要求对炉水泵进行运行监视和操作	3/项				

序号	评价项目	标准分	查证方法	扣分条款	扣分标准	扣分	查 评 依 据	标准化	隐患级别
1.2.1.9	防止炉水泵损坏	15	查阅运行规程、运行记录、操作票、事故分析报告，现场检查	③评价年度内发生因运行值班人员监视、操作不当造成的炉水泵损坏	15～30/次		8.6.2.2　锅水循环泵启动后，应注意汽包水位的变化，维持正常水位。 8.6.3　锅水循环泵的运行 8.6.3.1　锅水循环泵正常运行时，应严格监视出、入口压差、电动机腔室温度、一次冷却水滤网前后压差正常。 8.6.3.2　锅水循环泵的正常维护项目应列入现场运行规程。 8.6.4　锅水循环泵的停止 8.6.4.1　锅炉运行中，炉水循环泵停运，应保证冷却水运行正常，监视电动机腔室温度，并投入暖泵系统。 8.6.4.2　停炉后，锅水温度低于制造厂规定值时，停止所有锅水循环泵。锅炉放水前，所有锅水循环泵要停电。锅炉放完水后，锅水循环泵电动机方可放水，绝不允许锅水循环泵泵壳内的炉水经电动机腔室放掉。 8.6.4.3　锅水循环泵泵壳温度低于厂家规定值后，才能停止锅水循环泵的冷却水	5.6.4.3.4	
1.2.1.10	热控系统运行管理	15	查联锁、保护试验卡、运行规程、运行记录、操作票	①未制订联锁、保护试验卡	10		1.《防止电力生产事故的二十五项重点要求》（国能安全〔2014〕161 号） 9.4.6　定期进行保护定值的核实检查和保护的动作试验。 9.4.13　检修机组启动前或机组停运 15 天以上，应对机、炉主保护及其他重要热工保护装置进行静态模拟试验，检查跳闸逻辑、报警及保护定值。 2.《300MW 级锅炉运行导则》（DL/T 611—1996） 5.1.6.2　大、小修后的锅炉启动前应做联锁及保护试验。		
				②未按要求进行联锁、保护试验（包括机组启停时和正常运行中）	5/次				
				③无热工保护的投停记录	5				
				④热工保护投停记录不全面	2/次				

续表

序号	评价项目	标准分	查证方法	扣分条款	扣分标准	扣分	查 评 依 据	标准化	隐患级别
1.2.1.10	热控系统运行管理	15	查联锁、保护试验卡、运行规程、运行记录、操作票	⑤对影响主、辅设备安全的缺陷未及时填报，并采取防范措施	5/项		5.1.6.3 联锁及保护试验动作应准确、可靠。机组正常运行时，严禁无故停用联锁及保护，若因故障需停用时，应得到总工程师批准，并限期恢复		
				⑥随意退出保护装置	10/项			5.6.4.2.2	一般
1.2.2	循环流化床锅炉本体的运行管理	60							
1.2.2.1	物料循环系统运行情况	20	查阅运行日志、DCS曲线记录、事故分析报告、检修台账、现场查询	①评价年度内因循环灰量过大或过小、返料器或锥形阀堵灰、床压过高或过低等原因造成机组降出力运行	5/次		《300MW循环流化床锅炉运行导则》（DL/T 1326—2014） 8.13 床温过高或过低的原因 1. 给煤不正常。 2. 煤质变化大。 3. 给煤粒度过细或过粗。 4. 一、二次风配比失调。 5. 流化异常。 6. 炉膛结焦、回料器堵塞。 7. 床压过低或过高。 8.14 床压过高或过低的原因 1. 炉膛排渣不畅或不能排渣。 2. 冷渣器/机或排渣管（阀）故障，排渣量过小或过大。 3. 给煤质量变化大。 4. 给煤粒度过粗或过细。 5. 石灰石量、燃料量和返料量不正常。 6. 一次风率不正常。 8.16 回料器堵塞原因 1. 回料阀自身故障 a）高压流化风量低，使回料腿堵灰。 b）风帽损坏，造成风室积灰。 c）耐火材料脱落，造成堵灰		
				②评价年度内发生因循环灰量过大或过小、返料器或锥形阀堵灰、床压过高或过低等原因导致停炉	20～30/次				
				③因循环灰量过大或过小、返料器或锥形阀堵灰、床压过高或过低等原因导致停炉事故后原因分析不清，或未及时完善相应的防范措施	10				
				④未制定防止床压过高、过低的措施	5				
				⑤未制定防止床温高的措施	5				

序号	评价项目	标准分	查证方法	扣分条款	扣分标准	扣分	查 评 依 据	标准化	隐患级别
1:2.2.2	循环流化床锅炉燃烧工况	20	查阅运行日志、DCS 曲线记录、事故分析报告，现场查询	①运行中床温超限	2/次		《300MW 循环流化床锅炉运行导则》（DL/T 1326—2014） 5.2　燃烧调整 5.2.3.6　密相区床温温差增大时，为防止流化状态恶化、灰渣沉积和结焦，应采用微增方法适当增加流化风率，使大颗粒灰渣及时排出。待床温温差恢复正常后，再将流化风率恢复到正常范围。 5.2.4.1　为保证良好的燃烧和传热，维持较低的 NO_x 排放浓度和最佳的脱硫效果，床温一般应控制在 840℃～920℃。最高床温不应超过 950℃。旋风分离器进口烟气温度任何情况下不得超过 1050℃。 5.2.4.2　负荷或煤质特性变化时，应及时调整给煤量和风量，以维持床温的相对稳定。床温调节应细调微调、分多次缓慢进行		
				②评价年度内因床温偏差或波动超限导致的机组降出力运行	5/次				
				③评价年度内因床温偏差或波动超限导致停炉	20～30/次				
				④未制定防止床温偏差和波动超限的措施	5				
				⑤无应对煤质大幅变化时，保证锅炉安全稳定运行的措施	5				
1.2.2.3	循环流化床锅炉流化工况	20	查阅运行日志、DCS 曲线记录、事故分析报告，现场查询	①评价年度内因风量低于临界流化风量，发生大面积结焦事故，最终导致停炉	20～30/次		《300MW 循环流化床锅炉运行导则》（DL/T 1326—2014） 8.19　床料流化不良 1. 料层高度过高或过低； 2. 床料粒度偏离设计值； 3. 风量过低； 4. 炉膛风帽堵塞或脱落的耐磨耐火材料等杂物堵塞床面； 5. 风机故障、风门误动或运行人员误操作； 6. 灰循环回路的旋风分离器、回料器、外置床运行异常； 7. 局部结焦； 8. 冷渣器故障		
				②双支腿循环流化床年内发生因翻床影响机组安全、稳定运行，甚至造成床面大面积结焦	5～10/次				
				③评价年度内流化床锅炉排渣不正常，发生因冷渣器入口管路积渣结焦导致锅炉降出力运行	5/次				

序号	评价项目	标准分	查证方法	扣分条款	扣分标准	扣分	查 评 依 据	标准化	隐患级别
1.2.3	余热锅炉本体设备运行管理	50							
1.2.3.1	防止余热锅炉烟气压力超限	20	查阅烟气压力相关记录（包括烟气超压记录簿、分散控制系统数据库等记录）、运行记录	①评价年度内烟气压力报警	3/次		根据制造厂说明书和有关规定		
				②评价年度内烟气压力保护动作	5/次				
				③烟气超压记录不齐全	3/项				
1.2.3.2	防止低压省煤器受损	10	查阅运行记录、措施	①未制定防止低压省煤器低温腐蚀措施	5		根据制造厂说明书和有关规定		
				②未严格执行防止低压省煤器低温腐蚀的措施	5/项				
1.2.3.3	防止余热锅炉主蒸汽超压	20	查运行记录、措施、分散控制系统数据库	①未制定冬季工况防止锅炉超压措施	5		根据制造厂说明书和有关规定		
				②未制定保温保压期间防止锅炉超压措施	5				
				③未严格按防止锅炉超压措施执行	5/项				
1.2.4	秸秆锅炉本体设备运行管理	50	查阅运行相关记录（包括系统风压、风速、设备电流、温度、查阅控制系统数据库等记录）	①风速、风压、风温报警装置不正常	5/项		厂家技术说明书（参考）		
				②评价年度内出现风速保护动作不正常	2/次				
				③系统风速记录不齐全	2/次				
				④发生炉排燃烧脱火	2/次				
				⑤炉排两侧温差超限	2/次				
				⑥火线距离超限	2/次				

序号	评价项目	标准分	查证方法	扣分条款	扣分标准	扣分	查评依据	标准化	隐患级别
1.2.4	秸秆锅炉本体设备运行管理	50	查阅事故分析报告、现场检查记录、查阅运行规程、反事故措施及《锅炉防正压运行安全技术措施》执行情况	⑦评价年度内发生因燃烧系统着火造成的主要设备损坏	20～30/次		厂家技术说明书（参考）		
				⑧未制定锅炉防正压运行安全技术措施	10				
				⑨未严格执行锅炉防正压运行安全技术措施	10				
				⑩无防止秸秆燃烧系统着火措施	5				
				⑪防止秸秆燃烧系统着火的措施执行不到位	5～10				
			查阅运行相关记录和生产现场询问、设备现场检查	⑫燃烧系统设备电流、温度、风速不符合规程规定	5				
				⑬吹灰系统不正常，未及时填报缺陷	2/条				
				⑭未严格执行定期吹灰制度	5/次				
1.3	锅炉本体的技术管理	30	查阅运行规程、检修规程、系统图等技术资料	①汽包、安全阀、锅炉四管、下水包、集中下降管、联箱、炉水泵、阀门等设备未建立台账	5/项		《锅炉压力容器监察规程》（DL 612—1996） 13.17 发电厂应根据设备结构、制造厂的图纸、资料和技术文件、技术规程和有关专业规程的要求，编制现场检修工艺规程和有关的检修管理制度，并建立健全各项检修技术记录。 13.18 发电厂应根据设备的技术状况、受压部件老化、腐蚀、磨损规律以及运行维护条件制订大、小		
				②设备台账不齐全、整理不规范	5/项				
				③本体技术改造资料不齐全	5～10				

序号	评价项目	标准分	查证方法	扣分条款	扣分标准	扣分	查　评　依　据	标准化	隐患级别
1.3	锅炉本体的技术管理	30	查阅运行规程、检修规程、系统图等技术资料	④本体检修计划任务书、安全技术措施、验收资料、工作总结、检修交底、技术记录等资料不齐全、不正确、不完整	5/项		修计划，确定锅炉、压力容器及管道的重点检验、修理项目，及时消除设备缺陷，确保受压部件、元件经常处于完好状态。管道及其支吊架的检查维修应列为常规检修项目。 　　13.19　锅炉受压部件、元件和压力容器更换应符合原设计要求。改造应有设计图纸、计算资料和施工技术方案。有关锅炉、压力容器改造和压力容器、管道更换的资料、图纸、文件，应在改造、更换工作完毕后立即整理、归档		
				⑤锅炉本体设计、制造、安装、调试技术资料、文件和图纸没有完备的档案	10				
1.4	锅炉本体的金属监督管理	60							
1.4.1	技术监督文件	15	查阅有关管理资料	①未成立技术监督组织机构	5		《火力发电厂金属技术监督规程》（DL/T 438—2009） 　　3.3　金属技术监督的实施 　　c）火力发电厂和电力建设公司应设相应的金属技术监督网并设置金属技术监督专责工程师，监督网成员应有金属监督的技术主管、金属检验、焊接、锅炉、汽轮机、电气专业技术人员和金属材料供应部门的主管人员；金属技术监督专责工程师应有从事金属监督的经验。 　　e）各电力公司根据本标准制定相应的本企业金属技术监督规程、制度或实施细则		
				②未制订锅炉金属监督计划实施细则	5				
				③无电站锅炉技术登录簿	5		1.《电站锅炉压力容器检验规程》（DL 647—2004） 　　e）技术记录和档案应齐全： 　　1）锅炉技术登录簿及安全使用许可证。 　　2.《电力工业锅炉压力容器监察规程》（DL 612—1996）		

序号	评价项目	标准分	查证方法	扣分条款	扣分标准	扣分	查 评 依 据	标准化	隐患级别
1.4.1	技术监督文件	15	查阅有关管理资料	③无电站锅炉技术登录簿	5		13 运行管理和修理改造 13.1 发电厂应根据本规程要求，参照部颁有关规程和典型锅炉运行规程，结合设备系统、运行经验和制造厂技术文件，编制现场锅炉运行规程、事故处理规程以及各种系统图和有关运行管理制度。 13.17 发电厂应根据设备结构、制造厂的图纸、资料和技术文件、技术规程和有关专业规程的要求，编制现场检修工艺规程和有关的检修管理制度，并建立健全各项检修技术记录。 13.19 锅炉受压部件、元件和压力容器更换应符合原设计要求。改造应有设计图纸、计算资料和施工技术方案。 涉及锅炉、压力容器结构及管道的重大改变、锅炉参数变化的改造方案、压力容器更换的选型方案，应报集团公司或省电力公司审批。 有关锅炉、压力容器改造和压力容器、管道更换的资料、图纸、文件，应在改造、更换工作完毕后立即整理、归档。 13.22 发电厂每台锅炉都要建立技术档案簿。登录受压元件有关运行、检修、改造、事故等重大事项。每台压力容器都要登记造册。 13.23 发电厂应有标明支吊架和焊缝位置的主蒸汽管、主给水管、高温和低温再热蒸汽管的立体布置图，并建立技术档案，记载管道有关运行、修理改造、检验以及事故等技术资料		
				④从事承压部件焊接、热处理、无损检测或锅监师等未取证	5/项		《电力锅炉压力容器安全监督管理工作规定》（国电总〔2000〕465号） 第十九条 从事电力锅炉压力容器安全监督、检验、无损检测、理化检验、运行、焊工培训实践指导教师、焊工、焊接热处理工必须按规定经过培训，考核合格后取得相应资格，持证上岗		

序号	评价项目	标准分	查证方法	扣分条款	扣分标准	扣分	查 评 依 据	标准化	隐患级别
1.4.1	技术监督文件	15	查阅有关管理资料	⑤未制订年度金属监督计划	5		《火力发电厂金属技术监督规程》（DL/T 438—2009） 附录A 金属技术监督工程师职责 A1.2　组织制定本单位的金属技术监督规章制度和实施细则，负责编写金属技术监督工作计划和工作总结		
				⑥无季度、年度金属监督总结	2/次				
				⑦未按要求定期开展金属监督活动	5		《火力发电厂金属技术监督规程》（DL/T 438—2009） 3.3　金属技术监督的实施 a）金属技术监督是火力发电厂技术监督的重要组成部分，是保证火电机组安全运行的重要措施，应实现在机组设计、制造、安装（包括工厂化配管）、工程监理、调试、试运行、运行、停用、检修、技术改造各个环节的全过程技术监督和技术管理工作中。 b）金属技术监督应贯彻"安全第一、预防为主"的方针，实行金属专业监督与其他专业监督相结合，有关电力设计、安装、工程监理、调试、运行、检修、修造、物资供应和试验研究等部门应执行本标准。 c）火力发电厂和电力建设公司应设相应的金属技术监督网并设置金属技术监督专责工程师，监督网成员应有金属监督的技术主管、金属检验、焊接、锅炉、汽轮机、电气专业技术人员和金属材料供应部门的主管人员；金属技术监督专责工程师应有从事金属监督的经验。 d）火力发电厂的金属技术监督专责工程师在技术主管领导下进行工作。 e）各电力公司可根据本标准制定相应的本企业金属技术监督规程、制度或实施细则，地方电厂（热电厂）和各行业系统的自备电厂可参照本标准开展金属技术监督工作		

序号	评价项目	标准分	查证方法	扣分条款	扣分标准	扣分	查 评 依 据	标准化	隐患级别
1.4.2	锅炉技术台账	15	查阅设备技术台账，查阅大、小修技术监督资料	①无锅炉技术台账	10		1.《电力工业锅炉压力容器监察规程》（DL 612—1996） 1.1.4　本体金属监督管理 1.1.4.1　技术监督文件； 1.1.4.2　锅炉技术监督台账； 1.1.4.3　锅炉"四管"爆漏监督； 1.1.4.4　压力容器监督		
				②锅炉注册号、许可使用证、登记卡不齐全	2/处				
				③各主要部件材质及规格、历次检修记录、异动记录、金属监督、化学检验记录等不齐全	2/处		2.《中国华电集团公司关于超临界机组锅炉管蒸汽侧氧化皮防治的若干措施（修订）》（中国华电生制〔2011〕1254 号） 5.6　建立管束档案，记录过热器、再热器管束材质、设计温度、运行情况、失效情况及历次内壁氧化皮检查、测量、处理情况，并组织分析		
1.4.3	锅炉"四管"爆漏监督	15	查阅大、小修技术监督资料，四大管道支吊架受力状况外观检查	①无锅炉"四管"爆漏记录台账	10		《中国华电集团公司防止火电厂锅炉四管泄漏管理暂行规定》（中国华电生制〔2011〕805 号） 第二十三条　检修用管材、焊丝应全部进行材质确认，对于合金钢材要进行光谱分析，防止错用。焊工必须持证上岗，焊接时严格执行焊接工艺卡。焊口进行 100%无损探伤。 第三十二条　建立锅炉四管管理台账，包括锅炉四管原始资料、运行数据、检修记录。		
				②爆漏部件名称、部位、材质、规格、时间、检查情况、处理情况等记录不齐全	2/处		检修记录：每次大、小修和停备检查及检验资料（包括受热面管子蠕胀测量数据、厚度测量数据、弯头椭圆度测量数据、内壁氧化皮厚度测量数据、取样管的化学腐蚀和结垢数据、取样管组织和机械性能数据）；四管泄漏后的抢修记录（日期、缺陷具体部位、管子规格及材质、缺陷详细情况、处理情况、原因分析、遗留问题及意见、检查及处理人与验收人等）；常规检修；设备改造技术资料		

续表

序号	评价项目	标准分	查证方法	扣分条款	扣分标准	扣分	查　评　依　据	标准化	隐患级别
1.4.3	锅炉"四管"爆漏监督	15	查阅大、小修技术监督资料,四大管道支吊架受力状况外观检查	③与四大管道连接的小管道、弯头壁厚测量、探伤、金相检验记录不完整	2/处		《火力发电厂金属技术监督规程》（DL/T 438—2009） 7.2.3.4　与主蒸汽管道相联的小管,应采取如下监督检验措施: a）主蒸汽管道可能有积水或凝结水的部位（压力表管、疏水管附近、喷水减温器下部、较长的盲管及不经常使用的联络管）,应重点检验其与母管相连的角焊缝。运行10万h后,宜结合检修全部更换		
				④受压部件焊接无焊接工艺指导书或指导书执行不到位	5/处		《中国华电集团公司防止火电厂锅炉四管泄漏管理暂行规定》（中国华电生〔2011〕805号） 第二十三条　检修用管材、焊丝应全部进行材质确认,对于合金钢材要进行光谱分析,防止错用。焊工必须持证上岗,焊接时严格执行焊接工艺卡。焊口进行100%无损探伤		
				⑤未按照规定开展锅炉内部、外部检验	10		《锅炉安全技术监察规程》（TSG G0001—2012） 9.4　定期检验 9.4.1　基本要求 （1）锅炉的定期检验工作包括锅炉在运行状态下进行的外部检验、锅炉在停炉状态下进行的内部检验和水（耐）压试验; （2）锅炉的使用单位应当安排锅炉的定期检验工作,并且在锅炉下次检验日期前1个月向检验检测机构提出定期检验申请,检验检测机构应当制订检验计划。 9.4.2　定期检验周期 锅炉的定期检验周期规定如下: （1）外部检验,每年进行一次。 （2）内部检验,锅炉一般每2年进行一次,成套装置中的锅炉结合成套装置的大修周期进行,电站锅炉结合锅炉检修同期进行,一般每3~6年进行一次;首次内部检验在锅炉投入运行后一年进行,成套装置中的锅炉和电站锅炉可以结合第一次检修进行。	5.6.4.3.6	

序号	评价项目	标准分	查证方法	扣分条款	扣分标准	扣分	查 评 依 据	标准化	隐患级别
1.4.3	锅炉"四管"爆漏监督	15	查阅大、小修技术监督资料，四大管道支吊架受力状况外观检查	⑤未按照规定开展锅炉内部、外部检验	10		（3）水（耐）压试验，检验人员或者使用单位对设备安全状况有怀疑时，应当进行水（耐）压试验；因结构原因无法进行内部检验时，应当每3年进行一次水（耐）压试验。 成套装置中的锅炉和电站锅炉由于检修周期等原因不能按期进行锅炉定期检验时，锅炉使用单位在确保锅炉安全运行（或者停用）的前提下，经过使用单位技术负责人审批后，可以适当延长检验周期，同时向锅炉登记地质监部门备案 9.4.3 定期检验特殊情况 除正常的定期检验以外，锅炉有下列情况之一时，也应当进行内部检验； （1）移装锅炉投运前； （2）锅炉停止运行1年以上需要恢复运行前	5.6.4.3.6	
1.4.4	压力容器监督	15	查阅大、小修技术监督资料，锅炉膨胀状况外观检查	①无压力容器技术监督台账	10		《固定式压力容器安全技术监察规程》（TSG R0004—2009） 6.4 压力容器技术档案 压力容器的使用单位，应当逐台建立压力容器技术档案并且由其管理部门统一保管。技术档案的内容应当包括以下内容： （1）特种设备使用登记证； （2）压力容器登记卡； （3）本规程4.1.4规定的压力容器设计制造技术文件和资料； （4）压力容器年度检查、定期检验报告，以及有关检验的技术文件和资料； （5）压力容器维修和技术改造的方案、图样、材料质量证明书、施工质量检验技术文件和资料； （6）安全附件校验、修理和更换记录； （7）有关事故的记录资料和处理报告	5.6.4.8.1	
				②无压力容器注册号、许可使用证、登记卡、总图、各主要部件材质及规格；无历次检修记录、异动记录、历次检验记录	2/处			5.6.4.8.1	
				③无压力管道、管件、阀门等材质及规格、历次检修记录、异动记录、历次检验记录	2/处			5.6.4.8.1	
				④受压部件焊接无焊接工艺指导书或指导书执行不到位	5/处			5.6.4.8.1	

序号	评价项目	标准分	查证方法	扣分条款	扣分标准	扣分	查　评　依　据	标准化	隐患级别
2	燃料制备及输送系统	270							
2.1	锅炉制粉系统（包含循环流化床锅炉查评项目）	120							
2.1.1	制粉系统的设备管理	45	查阅不安全事件记录、检修规程、运行规程、设备缺陷记录，现场检查	①制粉系统存在可能引发火灾的缺陷	5～20			5.6.4.3.2	重大Ⅱ级
				②存在影响制粉系统出力的缺陷	5/条			5.6.4.3.2	
				③转动设备轴承振动超限运行	10				
				④转动设备轴承温度超限运行	10				
				⑤充惰系统和消防设施不完善	20～40		《防止电力生产事故的二十五项重点要求》（国能安全〔2014〕161号） 6.3.1.7　对于爆炸特性较强煤种，制粉系统应配套设计合理的消防系统和充惰系统	5.6.4.3.2	重大Ⅱ级
				⑥制粉系统防爆门安装无防止人身安全及设备损坏的隔离措施	10		《防止电力生产事故的二十五项重点要求》（国能安全〔2014〕161号） 6.3.1.9　加强防爆门的检查和管理工作，防爆薄膜应有足够的防爆面积和规定的强度。防爆门动作后喷出的火焰和高温气体，要改变排放方向或采取其他隔离措施，以避免危及人身安全、损坏设备和烧损电缆		重大Ⅱ级
				⑦未定期检查煤仓、粉仓内衬钢板	5～8		《防止电力生产事故的二十五项重点要求》（国能安全〔2014〕161号） 6.3.1.15　定期检查煤仓、粉仓仓壁内衬钢板，严防衬板磨漏、夹层积粉自燃。每次大修煤粉仓应清仓，并检查粉仓的严密性及有无死角，特别要注意仓顶板一大梁搁置部位有无积粉死角	5.6.4.3.2	
				⑧中储式制粉系统大修未对粉仓进行清仓	5～10			5.6.4.3.2	

序号	评价项目	标准分	查证方法	扣分条款	扣分标准	扣分	查 评 依 据	标准化	隐患级别
2.1.2	制粉系统的运行管理	45	查阅运行记录（包括运行日志、分散控制系统数据库记录）、运行规程、反事故措施及总结、事故分析报告及防止再发生事故的措施，现场检查	①未制定防止制粉系统自燃及爆炸的措施	10		《防止电力生产事故的二十五项重点要求》（国能安全〔2014〕161号） 2.5 防止制粉系统爆炸事故 2.5.2 及时消除漏粉点，清除漏出的煤粉。清理煤粉时，应杜绝明火。 2.5.3 磨煤机出口温度和粉仓温度应严格控制在规定范围内，出口风温不得超过煤种要求的规定		
				②防止制粉系统自燃及爆炸措施不全面或执行不严	5～10				
				③评价年度内发生制粉系统爆炸造成的停炉	30/次			5.6.4.3.2	
				④评价期内制粉（给煤）系统发生因堵煤等引起磨煤机跳闸，并造成机组减负荷或停运事故	10～20/次			5.6.4.3.2	
				⑤评价年度内发生制粉系统自燃、着火放炮等未造成停炉的不安全事件	10/次			5.6.4.3.2	
				⑥发生制粉系统爆炸原因分析不清，或未及时完善防止制粉系统自燃及爆炸事故的措施	10				
				⑦未制订防止煤仓、下煤管等部位下煤不畅的防范措施（包括湿煤、粘煤、防冻等）	5				
				⑧防止煤仓、下煤管等部位下煤不畅的防范措施不全面或执行不严	5～10				
				⑨评价年度内发生因运行值班人员监视、调整不到位发生的制粉系统设备损坏	10～15/次				

43

续表

序号	评价项目	标准分	查证方法	扣分条款	扣分标准	扣分	查 评 依 据	标准化	隐患级别
2.1.2	制粉系统的运行管理	45	查阅运行记录（包括运行日志、分散控制系统数据库记录）、运行规程、反事故措施及总结、事故分析报告及防止再发生事故的措施，现场检查	⑩磨煤机出口温度和煤粉仓温度超过规定值	5/次		1.《防止电力生产事故的二十五项重点要求》（国能安全〔2014〕161号） 2.5.3 磨煤机出口温度和煤粉仓温度应严格控制在规定范围内，出口风温不得超过煤种要求的规定。 2.《300MW级锅炉运行导则》（DL/T 611—1996） 8.2.2.2 运行中的监视　见附件一		一般
2.1.3	制粉系统的技术管理	30	查阅锅炉制粉系统技术资料、制粉系统设计、制造、安装、调试、运行技术资料、文件和图纸，查阅设备台账、大小修资料	①制粉系统技术资料不齐全、不规范	5/项		《火力发电厂锅炉机组检修导则　第1部分：总则》（DL/T 748.1—2001） 8.2 设备检修技术记录、试验报告、图纸变更及新测绘图纸等技术资料，应作为技术档案整理保存		
				②制粉系统设计、制造、安装、调试技术资料、技术文件和图纸没有完备的档案	5/项				
				③磨煤机、磨煤机油系统、原煤斗、给煤机、排粉机、密封风机、分离器、给粉机、输粉机等设备未建立台账	5/项				
				④磨煤机、磨煤机油系统、原煤斗、给煤机、排粉机、密封风机、分离器、给粉机、输粉机等设备台账整理不齐全	5/项				
				⑤制粉系统设备技术改造措施、资料不齐全	5/项				
				⑥制粉系统、设备检修计划任务书、安全技术措施、验收资料、工作总结、检修交底、技术记录等资料不齐全	5/项				

序号	评价项目	标准分	查证方法	扣分条款	扣分标准	扣分	查 评 依 据	标准化	隐患级别
2.2	秸秆锅炉给料系统	150							
2.2.1	秸秆锅炉给料系统设备管理	75							
2.2.1.1	秸秆皮带、链板机输送系统和传动装置	25	查阅缺陷记录、运行记录、事故异常分析报告，现场检查	①评价年度内断皮带、撕皮带或链板机设备损坏事件	5/次		厂家设计说明书及现场规程		
				②无防止断皮带、撕皮带安全技术措施	5				
				③防止断皮带、撕皮带安全技术措施执行不到位	5/次				
				④未建立设备台账	5				
				⑤无检修记录	5				
				⑥检修记录不齐全	2/次				
				⑦大修后留有未消除的一类设备缺陷	5/项				
				⑧输料皮带经常跑偏，不能彻底处理	5				
2.2.1.2	秸秆除铁器、皮带秤设备	25	查阅运行记录，现场逐台检查，必要时试转	①设备不能正常投入使用	10		厂家设计说明书及现场规程		
				②因设备缺陷，造成输料皮带不能稳定运行	5				
				③设备退出运行及备用超过 24h	2/次				

续表

序号	评价项目	标准分	查证方法	扣分条款	扣分标准	扣分	查 评 依 据	标准化	隐患级别
2.2.1.3	秸秆螺旋给料系统设备	25	查阅检修台账、检修规程、运行规程、设备缺陷记录、运行记录，现场检查	①秸秆库上料口螺旋卸料机设备不能正常投运	5		厂家设计说明书及现场规程		
				②炉前转运站螺旋给料机存有未消除的一类设备缺陷	5/项				
				③炉前转运站螺旋推料机存有未消除的一类设备缺陷	5/项				
				④散包机、链板机、破碎机设备不能正常投运	5/项				
				⑤秸秆给料系统二、三类缺陷未按规定消除	2/处				
				⑥秸秆库成型包码放不规范，存在坍塌危险	5/处				
2.2.2	秸秆锅炉给料系统运行管理	50							
2.2.2.1	秸秆锅炉上料皮带、地下廊道及电缆桥架的安全管理	25	查阅定期清扫制度、消防部门火警记录、不安全情况记录，现场检查	①未制定定期清扫及巡回检查制度	5		厂家设计说明书及现场规程		
				②皮带、地下廊道、大皮带头部、电缆桥架的积料或毛絮清理不及时	10				一般
				③输料系统及地下廊道防火设施不能正常使用	25				重大
				④地下廊道防汛设施不能正常使用，积水面积大于2m²	5～10				
				⑤防止皮带着火措施落实不到位	10				一般

46

序号	评价项目	标准分	查证方法	扣分条款	扣分标准	扣分	查 评 依 据	标准化	隐患级别
2.2.2.2	秸秆给料系统运行与事故处理	25	查阅运行记录（包括运行日志、分散控制系统数据库记录）、运行规程、运行日志、事故分析报告及防止再次发生事故的措施，现场检查	①锅炉螺旋给料机、推料机堵料影响锅炉负荷，持续时间超过 2h	5/次		生产厂家说明书及现场规程		
				②秸秆库链板机、散料口等上料部位下料不畅，影响锅炉负荷，持续时间超过 2h	5/次				
				③未制定防止螺旋给料机、推料机等部位堵料的防范措施	5				
				④评价年度内因堵料造成输料设备及其他设备损坏	5				
				⑤防止堵料的防范措施执行不到位	3～5				
2.2.3	秸秆锅炉给料系统技术管理	25	查阅给料系统设计、制造、安装、调试、运行技术资料、文件和图纸，查阅设备台账、大小修资料	①给料系统技术资料不齐全、不规范	5/项		《火力发电厂锅炉机组检修导则 第 1 部分：总则》（DL/T 748.1—2001） 8.2 设备检修技术记录、试验报告、图纸变更及新测绘图纸等技术资料，应作为技术档案整理保存		
				②给料系统设计、制造、安装、调试技术资料、文件和图纸没有完备的档案	5/项				
				③给料系统设备未建立台账	5				
				④给料系统设备技术改造措施、资料不齐全	2/项				
				⑤给料系统检修计划任务书、安全技术措施、验收资料、工作总结、检修交底、技术记录等资料不齐全	5/项				

续表

序号	评价项目	标准分	查证方法	扣分条款	扣分标准	扣分	查　评　依　据	标准化	隐患级别
3	锅炉风烟系统（含循环流化床锅炉、秸秆锅炉查评项目）	110							
3.1	风烟系统的设备管理	40	查阅检修规程、运行规程、设备缺陷记录、不安全事件记录、运行记录、风机设计说明书，现场检查	①有影响风机出力的缺陷	10/条			5.6.3.4	
				②风机轴承振动超限	5/处			5.6.3.4	
				③风机轴承温度超限	5/处			5.6.3.4	
				④评价期内风烟系统设备故障导致机组降出力	10分/次				
				⑤脱硫脱硝改造时，未对尾部烟道强度进行论证或尾部烟道强度不够	20分		《防止电力生产事故的二十五项重点要求》（国能安全〔2014〕161号） 6.2.3.2　对于老机组进行脱硫、脱硝改造时，应高度重视改造方案的技术论证工作，要求改造方案应重新核算机组尾部烟道的负压承受能力，应及时对强度不足部分进行重新加固	5.6.4.3.1	重大Ⅱ级
				⑥空气预热器卡涩	10/次				一般
				⑦未制定回转式空气预热器水冲洗制度或措施	5		《防止电力生产事故的二十五项重点要求》（国能安全〔2014〕161号） 6.1.2.2　回转式空气预热器应有相配套的水冲洗系统，无论是采用固定式或者移动式水冲洗系统，设备性能都必须满足冲洗工艺要求，电厂必须配套制订出具体的水冲洗制度和水冲洗措施，并严格执行	5.6.4.3.5	
				⑧空气预热器无可靠的停转报警装置	10		《防止电力生产事故的二十五项重点要求》（国能安全〔2014〕161号） 6.1.2.2　回转式空气预热器应设有可靠的停转报警装置，停转报警信号应取自空气预热器的主轴信号，而不能取自空气预热器的马达信号	5.6.4.3.5	一般

序号	评价项目	标准分	查证方法	扣分条款	扣分标准	扣分	查 评 依 据	标准化	隐患级别
3.1	风烟系统的设备管理	40	查阅检修规程、运行规程、设备缺陷记录、不安全事件记录、运行记录、风机设计说明书，现场检查	⑨空气预热器消防设施不完善	20～40		《防止电力生产事故的二十五项重点要求》（国能安全〔2014〕161 号） 6.1.2.4　回转式空气预热器应设有完善的消防系统，在空气及烟气侧应装设消防水喷淋水管，喷淋面积应覆盖整个受热面。如采用蒸汽消防系统，其汽源必须与公共汽源相联，以保证启停及正常运行时随时可投入蒸汽进行隔绝空气式消防		重大Ⅱ级
3.2	风烟系统的运行管理	40	查阅运行记录（包括运行日志、分散控制系统数据库记录）、事故分析报告、运行规程、反事故措施及总结	①未制定防止风烟系统及设备发生抢风、喘振、失速的措施	5		《电站锅炉风机选型和使用导则》（DL/T 468—2004） 7.2.2　轴流式风机的并联运行 在任何情况下，当第一台风机运行时的压力高于第二台风机失速界线的最低压力 时，决不允许启动第二台风机进行并联。如需并联，则应降低第一台风机的出力，使其运行点的压力 低于 S 点压力后再启动第二台风机进行并联。否则不仅不能实现两台风机并联运行增加总出力的目的，还可能造成两风机发生"抢风"的不稳定运行状况，甚至发生喘振，损坏风机。 8.4.1.3　一台轴流式风机运行，需启动另一台轴流式风机并联运行时，应避免运行风机喘振，并维持炉膛压力稳定		
				②防止风烟系统及设备发生抢风、喘振、失速的措施不全面或执行不严	5～10				
				③未制定防止空气预热器、省煤器等设备发生低温腐蚀的措施	5		《300MW 级锅炉运行导则》（DL/T 611—1996） 5.2.8.7　为防止空气预热器受热面低温腐蚀，应根据实际情况，及时投入暖风器运行，有热风再循环系统的可以投用热风再循环		
				④防止空气预热器、省煤器等设备发生低温腐蚀的措施不全面或执行不严	5～10				
				⑤风烟系统、设备存在缺陷，未及时填报	2/条				

序号	评价项目	标准分	查证方法	扣分条款	扣分标准	扣分	查 评 依 据	标准化	隐患级别
3.2	风烟系统的运行管理	40	查阅运行记录（包括运行日志、分散控制系统数据库记录）、事故分析报告、运行规程、反事故措施及总结	⑥空气预热器差压超限	5/台				
				⑦未制定防止空气预热器堵塞的措施	5				
				⑧防止空气预热器堵塞的措施不全面或者执行不严	5～10				
3.3	风烟系统的技术管理	30	查阅锅炉风烟系统技术资料、设备台账、大小修资料	①风烟系统技术资料不齐全、不规范	5		《火力发电厂锅炉机组检修导则 第1部分：总则》（DL/T 748.1—2001） 8.2 设备检修技术记录、试验报告、图纸变更及新测绘图纸等技术资料，应作为技术档案整理保存		
				②风烟系统设计、制造、安装、调试技术资料、技术文件和图纸没有完备的档案	5/项				
				③送风机、吸风机、一次风机、增压风机、空气预热器、暖风器等设备未建立台账	5/项				
				④送风机、吸风机、一次风机、增压风机、空气预热器、暖风器等设备台账整理不齐全、不规范	2/项				
				⑤风烟系统设备技术改造措施、资料不齐全	2/项				
				⑥风烟系统检修计划任务书、安全技术措施、验收资料、工作总结、检修交底、技术记录等资料不齐全、不正确、不完整	2/项				

序号	评价项目	标准分	查证方法	扣分条款	扣分标准	扣分	查 评 依 据	标准化	隐患级别
4	锅炉吹灰系统	40							
4.1	吹灰系统的设备管理	15	查阅可靠性报表、不安全事件记录、运行记录、锅炉"四管"泄漏分析记录、设备缺陷记录	①吹灰系统减压阀工作不正常	10		《火力发电厂锅炉机组检修导则 第2部分：锅炉本体检修》（DL/T 748.2—2001） 18 吹灰器检修 见附件二	5.6.4.3.5	
				②吹灰器存在执行机构异常，行程调整不准确、卡涩、漏汽、漏灰等缺陷	2/处				
				③吹灰器存在内漏缺陷	5/台			5.6.4.3.5	
				④因吹灰器不能正常投运导致锅炉结焦、积灰被迫降出力	10/次				
				⑤脉冲吹灰系统、设备存在燃气外漏缺陷	5/处			5.6.4.3.5	
				⑥脉冲式吹灰系统存在火花塞打火不正常、瓷套破裂、电极积炭等缺陷	2/项				
4.2	吹灰系统运行管理	15	查阅运行规程、运行记录、DCS数据库记录	①未制定锅炉本体和空气预热器的吹灰规定	5		《防止电力生产事故的二十五项重点要求》（国能安全〔2014〕161号） 6.1.9.1 投入蒸汽吹灰器前应进行充分疏水，确保吹灰要求的蒸汽过热度。 6.1.9.2 采用等离子及微油点火方式启动的机组，在锅炉启动初期，空气预热器必须连续吹灰。 6.1.9.3 机组启动期间，锅炉负荷低于25%额定负荷时空气预热器应连续吹灰，锅炉负荷大于25%额定负荷时至少每8h吹灰一次；当回转式空气预热器烟气侧压差增加时，应增加吹灰次数；当低负荷煤、油混烧时，应连续吹灰。 6.2.2.8 大容量锅炉吹灰器系统应正常投入运行，防止炉膛沾污结渣造成超温		
				②未按规定进行吹灰或吹灰记录不完整	2/次				
			查阅锅炉"四管"泄漏分析记录、设备缺陷记录、数据库记录，现场检查	③未按要求投运吹灰器，使锅炉发生因结焦积灰被迫降出力、尾部二次燃烧或因空气预热器堵塞导致机组出力降低	10/次			5.6.4.3.5	

续表

序号	评价项目	标准分	查证方法	扣分条款	扣分标准	扣分	查 评 依 据	标准化	隐患级别
4.2	吹灰系统运行管理	15	查阅锅炉"四管"泄漏分析记录、设备缺陷记录、数据库记录，现场检查	④未及时发现吹灰器失常，导致受热面吹损泄漏	30/次		《防止电力生产事故重点措施补充要求》（中国华电生〔2007〕2011号） 3.6.7　加强对吹灰器设备的维护和管理，重视吹灰器喷射方向、伸入位置、蒸汽压力、水冷壁的平面度和吹灰喷管的垂直度等调整工作；吹灰程序结束后，必须通过科学有效手段确认所有吹灰器确已退出，并切断汽源，必要时关闭手动进汽阀；遇有吹灰器卡涩现象时，应及时处理，以免受热面吹损或吹灰枪变形。防止锅炉吹灰器吹损受热面管导致爆管事故	5.6.4.3.5	
4.3	吹灰系统的技术管理	10	查阅锅炉吹灰系统设计、制造、安装、调试、运行技术资料、文件和图纸，查阅设备台账、大小修资料	①吹灰系统设计、制造、安装、调试技术资料、文件和图纸没有完备的档案	2/项		《火力发电厂锅炉机组检修导则　第1部分：总则》（DL/T 748.1—2001） 8.2　设备检修技术记录、试验报告、图纸变更及新测绘图纸等技术资料，应作为技术档案整理保存		
				②各类型吹灰器设备未建立台账	5/项				
				③各类型吹灰器设备台账整理不齐全、不规范	2/项				
				④吹灰系统设备技术改造措施、资料不齐全	2/项				
				⑤吹灰系统检修计划任务书、安全技术措施、验收资料、工作总结、检修交代、技术记录等资料不齐全、不正确、不完整	2/项				
				⑥无防止吹灰器吹损锅炉受热面的措施	5		《中国华电集团公司防止电力生产事故重点措施补充要求》（中国华电生〔2007〕2011号） 3.6.7　加强对吹灰器设备的维护和管理，重视吹灰器喷射方向、伸入位置、蒸汽压力、水冷壁的平面度		

序号	评价项目	标准分	查证方法	扣分条款	扣分标准	扣分	查 评 依 据	标准化	隐患级别
4.3	吹灰系统的技术管理	10	查阅锅炉吹灰系统设计、制造、安装、调试、运行技术资料、文件和图纸，查阅设备台账、大小修资料	⑥无防止吹灰器吹损锅炉受热面的措施	5		和吹灰喷管的垂直度等调整工作；吹灰程序结束后，必须通过科学有效手段确认所有吹灰器确已退出，并切断汽源，必要时关闭手动进汽阀；遇有吹灰器卡涩现象时，应及时处理，以免受热面吹损或吹灰枪变形。防止锅炉吹灰器吹损受热面管导致爆管事故		
5	除渣系统	120							
5.1	煤粉炉除渣系统（含其他炉型查评项目）	100							
5.1.1	除渣系统的设备管理	60							
5.1.1.1	碎渣机（捞渣机、输渣机）	15	查阅检修台账、设备缺陷记录、运行记录，现场检查	①存在影响机组出力的缺陷	10/次		《火力发电厂锅炉机组检修导则 第7部分：除灰渣系统检修》（DL/T 748.7—2001） 1. 碎渣机检修质量要求： （1）轴晃动值小于0.04mm； （2）轴套表面光滑，磨损沟槽深度超过0.50mm的需更换； （3）滚动轴承质量符合规范； （4）齿辊与颚板间隙为15mm～25mm； （5）齿高磨损小于10mm； （6）钢板腐蚀磨损剩余厚度小于3mm的应焊补。 2. 刮板捞渣机检修质量要求： （1）链条（链板）磨损超过圆钢直径（链板厚度）的1/3时应更换； （2）刮板磨损、变形严重时应更换； （3）柱销磨损超过直径的1/3时应更换； （4）两根链条总长度相差值应符合设计要求，超过设计值时应更换；	5.6.3.4	
				②设备故障超过8h不能消除	2/次			5.6.3.4	
				③设备故障超过24h不能消除	5/次			5.6.3.4	
				④除渣系统设备检修计划执行有缺漏项	2/项				
5.1.1.2	水力除渣系统及其他设备	15	查阅检修台账、设备缺陷记录、运行记录，现场检查	①设备故障，造成除渣系统超过8h不能投用	2/次				
				②设备故障，造成除渣系统超过24h不能投用	5/次			5.6.3.4	
				③因除渣系统故障影响全厂综合出力	10/次			5.6.3.4	

序号	评价项目	标准分	查证方法	扣分条款	扣分标准	扣分	查 评 依 据	标准化	隐患级别
5.1.1.2	水力除渣系统及其他设备	15	查阅检修台账、设备缺陷记录、运行记录,现场检查	④除渣系统设备检修项目执行有缺漏项	2/项		(5)刮板链双侧同步、对称,刮板间距符合设计要求;		
5.1.1.3	干除渣系统	15	查阅检修台账、设备缺陷记录、运行记录,现场检查	①干除渣系统超过 8h 不能投用	2/次		(6)安全带轮弹簧完好,钢球磨损严重时予以更换,轴套无裂纹,螺纹完好;	5.6.3.4	
				②干除渣系统超过 24h 不能投用	5/次		(7)链轮、调节轮、压轮、水封导轮、托轮齿高及厚度磨损量应小于 1/3,主动轴两端轴向间隙 0.10mm~0.20mm;	5.6.3.4	
				③评价年度内因除渣系统故障影响全厂综合出力的不安全事件	10/次		(8)水封导轮轴封水孔畅通无阻塞,橡胶密封圈全部更换; (9)管路畅通且严密不漏,格栅孔无堵塞,格栅坚固可靠,阀门严密不漏,开关灵活; (10)防磨衬板无断裂、缺损,衬板铺设牢固,接口平滑,外观平整无杂物,相邻两衬板平面偏差值小于 2.50mm;	5.6.3.4	
				④除渣系统设备检修项目执行有缺漏项	2/项		(11)箱体钢板腐蚀磨损不超过原厚度的 1/2,箱体不漏水		
5.1.1.4	冷渣机	15	查阅检修台账、设备缺陷记录、运行记录,现场检查	①单台冷渣机漏水、漏渣、堵渣等缺陷造成停运超过 24h	5/次		《循环流化床检修导则 第4部分:排渣系统检修》(DL/T 1035.4—2006) 5 滚筒冷渣机检修质量要求 (1)旋转接头:适时调节填料压紧度,填料如失效,应更换;推力轴承严重磨损或损坏时,应进行更换。 (2)滚筒筒体高度允许的下降量为 5mm,轴向位置保持其支撑圈端面与左右两标志板的间隙相等,筒体无裂纹、变形等缺陷。 (3)滚筒内环向叶片的厚度磨损至不足 6mm 时,应焊补或更换叶片。	5.6.3.4	
				②在评价年度内冷渣机设备系统发生过影响机组出力和运行的故障	10/次		(4)进渣管、膨胀节无裂纹、变形、磨损及泄漏现象。 (5)链条拉伸长度达两个周节时,拆去两个链节;接触圆增大至啮合失常时,需更新链条。	5.6.3.4	

序号	评价项目	标准分	查证方法	扣分条款	扣分标准	扣分	查 评 依 据	标准化	隐患级别
5.1.1.4	冷渣机	15	查阅检修台账、设备缺陷记录、运行记录,现场检查	③冷渣机出力及冷却效果不满足要求,排渣温度超出设计要求	5	（6）支撑轮、圈磨损小于厂家规定值。 （7）两联轴器径向、轴向偏差不大于 0.1mm,面距为 4mm~6mm。 （8）冷却水管固定牢靠,阀门调节灵活,无泄漏。 （9）进渣闸板阀开关到位、操作灵活、结合面洁净平整不漏灰		
5.1.2	除渣系统的运行管理	30	查阅运行记录（包括运行日志、分散控制系统数据库记录）、运行规程、运行措施、事故分析报告及防止再发生事故的措施现场检查	①未制定炉底水封异常、除渣系统异常等的防范措施	5	中国华电集团公司《电力安全工作规程（热力和机械部分）（2013 年版）》 5.5.8 用于就地除灰的灰渣门应有远距离的机械开闭装置,开启时须力求缓慢,以防灰渣突然冲出。开启灰渣门前,应先将灰渣斗内的灰渣用水浇透。禁止出红灰。 5.5.10 开启渣斗关断门（落渣挡板）前和过程中,应控制好炉膛负压。开启渣斗关断门（落渣挡板）时,应缓慢逐渐开启,使灰斗内的灰全部落下后,再将渣斗关断门（落渣挡板）完全打开。开启渣斗关断门（落渣挡板）过程中,捞渣机周围不得有人工作或逗留	5.6.3.4	
				②炉底水封异常、除渣系统异常等的防范措施执行不严	5~10				
				③评价年度内发生因锅炉排渣不畅（包括炉膛排渣及冷渣器排渣）及炉底漏风导致锅炉非计划停运事故	20~30/次				
				④运行值班人员未按规定进行除渣操作,导致降负荷运行	10/次				
				⑤未制订防止冷渣器爆炸的防范措施	5				
				⑥防止冷渣器爆炸的防范措施执行不严	5~10				
				⑦除渣系统、设备缺陷未及时填报	2/条				

序号	评价项目	标准分	查证方法	扣分条款	扣分标准	扣分	查 评 依 据	标准化	隐患级别
5.1.3	除渣系统的技术管理	10	查阅锅炉除渣系统技术资料(除渣系统设计、制造、安装、调试、运行技术资料、技术文件和图纸)、设备台账、设备大小修资料	①除渣系统技术资料不齐全、不规范	5/项		《火力发电厂锅炉机组检修导则 第1部分:总则》(DL/T 748.1—2001) 8.2 设备检修技术记录、试验报告、图纸变更及新测绘图纸等技术资料,应作为技术档案整理保存		
				②除渣系统设计、制造、安装、调试技术资料、文件和图纸没有完备的档案	5/项				
				③碎渣机、捞渣机、脱水仓、浓缩机、喷射泵、冲渣泵、排浆泵、溢流水泵设备等未建立台账	5/项				
				④碎渣机、捞渣机、脱水仓、浓缩机、喷射泵、冲渣泵、排浆泵、溢流水泵等设备台账整理不齐全、不规范	5/项				
				⑤除渣系统设备技术改造措施、资料不齐全	2/项				
				⑥除渣系统检修计划任务书、安全技术措施、验收资料、工作总结、检修交底、技术记录等资料不齐全、不正确、不完整	2/项				
5.2	秸秆炉除渣系统运行管理	20	查阅运行记录包括(运行日志、分散控制系统数据库记录)、事故分析报告及防止措施、运行规程,现场查询	①因排渣系统不畅导致振动炉排不能正常运行超过2h	2/次		厂家技术说明书及现场规程(参考)		
				②评价年度内因锅炉排渣系统不畅(包括炉膛排渣及湿式刮板机除渣系统)导致锅炉非计划停运事件	20/次				

续表

序号	评价项目	标准分	查证方法	扣分条款	扣分标准	扣分	查 评 依 据	标准化	隐患级别
5.2	秸秆炉除渣系统运行管理	20	查阅运行记录包括（运行日志、分散控制系统数据库记录）、事故分析报告及防止措施、运行规程，现场查询	③刮板机渣槽内水位不正常	3/次		厂家技术说明书及现场规程（参考）		
				④未制订防止炉膛排渣系统不畅及结焦的防范措施	5				
				⑤防止锅炉排渣系统异常防范措施执行不严	5～10				
6	空压机及附属系统（所有炉型通用查评项目）	35							
6.1	空压机及附属系统的设备管理	15	查阅检修台账、设备缺陷记录、运行记录，现场检查	①未采用无油空压机或未装精密过滤器影响仪用气质量	5		中国华电集团公司《电力安全工作规程（热力和机械部分）（2013 年版）》 9.4.4 仪用气源品质应符合正常使用要求，不得含水、油、灰尘及其他污染物；仪用气源管路敷设时应合理布置，水平敷设时应有合适的坡度，不得设置 U 形弯，管路最低处应装设排污阀。 9.4.5 仪用气源压力应保持稳定，接至用气仪表时，应通过过滤减压阀调整到要求的压力范围。仪用气源母管应设置压力监视和报警仪表	5.6.3.4	一般
				②空压机及附属系统故障导致仪用气源丧失	20～40/次				
				③供气管路未采用不锈钢材	2		《火力发电厂热工自动化系统检修运行维护规程》（DL/T 774—2004） 7.1.4.1.1 仪用气源母管及控制用气支管应采用不锈钢管，至仪表设备的支管应采用紫铜管、不锈钢管或尼龙管，如安装不符合要求应及时予以更换。 7.1.4.1.2 在气源储气罐和管路低凹处应有自动疏水器，并应保证灵活可靠。		
				④自动疏水器无法正常运行	2				
				⑤未定期清理、更换过滤器滤网	2				

序号	评价项目	标准分	查证方法	扣分条款	扣分标准	扣分	查 评 依 据	标准化	隐患级别
6.1	空压机及附属系统的设备管理	15	查阅检修台账、设备缺陷记录、运行记录，现场检查	⑥未按要求落实空压机及附属设备（干燥塔、分离器、冷干机、组合式干燥机、吸附式干燥机、GF净化装置等）的检修项目	2/项		7.1.4.3.3　维护： （1）定期排放过滤减压阀积水，运行中发现过滤减压阀沉积有油、水时，应及时排放。 （2）定期检查气源系统，各部件自身及连接处应无泄漏。 （3）当气源工作压力偏离设计值时，应及时调节针型阀及锅炉减压阀，使气源压力恢复正常（一般为0.5～0.6MPa）。 （4）定期清理或者更换过滤器的滤网或滤芯。定期检查气源自动再生干燥装置工作状况，更换干燥介质。 （5）每年入冬前应进行一次气源质量测试		
				⑦有影响压缩气系统、设备安全运行缺陷	2/项			5.6.3.4	
				⑧空压机全部停用时，储气罐没有10～15min保证仪控设备正常工作的储气容量	2		《大中型火力发电厂设计规范》（GB 50660—2011） 18.0.3　全厂压缩空气系统设置与设备布置应符合下列要求： 1. 系统设计应符合下列规定： 4）仪表及控制用气、检修用气和除灰气力输送用压缩空气系统应分别设置储气罐。 2. 压缩空气系统设备选择应符合下列规定： 2）每个供气单元的仪表及控制用空压机的运行台数宜为每台机组一台，单台容量应能满足每台机组仪表与控制用气动设备的最大连续用气量，每个供气单元宜设置一台检修备用和一台运行备用的空压机，同时应兼作检修用空压机；当仪表和控制用空压机与除灰气力输送用空压机合并设置时，其中一台除灰气力输送用备用空压机可作为公共备用。 12.2.2　控制连锁试验 c）当压缩空气机全部停用时，储气罐的储气容量应能保证气动设备正常工作时间不少于10min		
				⑨仪用气源用于其他用途或与杂用气源混用	5				
				⑩压缩气系统无备用余量	10				一般

续表

序号	评价项目	标准分	查证方法	扣分条款	扣分标准	扣分	查 评 依 据	标准化	隐患级别
6.2	空压机及附属系统的运行管理	10	查阅运行记录（包括运行日志、分散控制系统数据库记录）、运行规程、运行措施，现场检查	①未及时填报空压机系统、设备缺陷	2/条		中国华电集团公司《电力安全工作规程（热力和机械部分）（2013 年版）》 9.4.4 仪用气源品质应符合正常使用要求，不得含水、油、灰尘及其他污染物；仪用气源管路敷设时应合理布置，水平敷设时应有合适的坡度，不得设置 U 形弯，管路最低处应装设排污阀。 9.4.5 仪用气源压力应保持稳定，接至用气仪表时，应通过过滤减压阀调整到要求的压力范围。仪用气源母管应设置压力监视和报警仪表		
				②未制订仪用压缩气失去后的防范措施	5				
				③未按规定执行压缩气系统的定期工作	2/次				
6.3	空压机及附属系统的技术管理	5		①空压机系统技术资料不齐全、不规范	1/项		《发电企业设备检修导则》（DL/T 838—2003） 7 检修项目和检修计划 7.1 检修项目的确定 7.1.1 主要设备的检修项目分标准项目和特殊项目两类（主要设备 A 级检修项目参见附件 B）。 7.1.1.1 A 级检修标准项目的主要内容 1）制造厂要求的项目； 2）全面解体、定期检查、清扫、测量、调整和修理； 3）定期监测、试验、校验和鉴定； 4）按规定需要定期更换零部件的项目； 5）按各项技术监督规定检查项目； 6）消除设备和系统的缺陷和隐患		
				②空压机系统设计、制造、安装、调试技术资料、文件和图纸没有完备的档案	1/项				
				③空压机、冷干机、组合式干燥机、吸附式干燥机、GF 净化装置等设备未建立台账	1/项				
				④空压机、冷干机、组合式干燥机、吸附式干燥机、GF 净化装置等设备台账整理不齐全、不规范	1/项				
				⑤空压机系统设备技术改造措施、资料不齐全	1/项				
				⑥空压机系统检修安全技术措施、检修交底、技术记录等资料不齐全、不完整	1/项				

序号	评价项目	标准分	查证方法	扣分条款	扣分标准	扣分	查 评 依 据	标准化	隐患级别
6.4	储气罐金属监督管理	5	查阅大、小修技术监督资料	①无压力容器技术监督台账	2/处		《固定式压力容器安全技术监察规程》(TSG R0004—2009) 6.4　压力容器技术档案 压力容器的使用单位,应当逐台建立压力容器技术档案并且由其管理部门统一保管。技术档案的内容应当包括以下内容: (1)特种设备使用登记证; (2)压力容器登记卡; (3)本规程4.1.4规定的压力容器设计制造技术文件和资料; (4)压力容器年度检查、定期检验报告,以及有关检验的技术文件和资料; (5)压力容器维修和技术改造的方案、图样、材料质量证明书、施工质量检验技术文件和资料; (6)安全附件校验、修理和更换记录; (7)有关事故的记录资料和处理报告	5.6.4.8.1	
				②压力容器注册号、许可使用证、登记卡、总图、各主要部件材质及规格、历次检修记录、异动记录、历次检验记录不符合实际	2/处			5.6.4.8.1	
				③无压力管道、管件、阀门等材质及规格、历次检修记录、异动记录、历次检验记录	1/处				
7	锅炉附属设施(所有炉型通用查评项目)	25							
7.1	锅炉设备、管道保温	7	现场检查	①保温残缺或未保温	2/处		《火力发电厂保温油漆设计规程》(DL/T 5072—2007) 5　基本规定 5.0.1　具有下列情况之一的设备、管道及其附件必须按不同要求予以保温: (1)外表面温度高于50℃且需要减少散热损失者; (2)要求防冻、防凝露或延迟介质凝结者; (3)工艺生产中不需保温的、其外表面温度超过60℃,而又无法采取其他措施防止烫伤人员的部位。 5.0.2　需要防止烫伤人员的部位应在下列范围内设置防烫伤保温: (1)管道距地面或平台的高度小于2100mm;	5.7.1.4	
				②保温层外表面温度超标	1/处			5.7.1.4	
7.2	管道油漆、色环、介质名称、流向标志	8	现场检查	①缺漏	2/处			5.7.3.1	
				②色标不够清晰	1/处			5.7.3.1	

序号	评价项目	标准分	查证方法	扣分条款	扣分标准	扣分	查 评 依 据	标准化	隐患级别
7.2	管道油漆、色环、介质名称、流向标志	8	现场检查	③色标不规范、不正确	2/处		（2）靠近操作平台水平距离小于 750mm。 5.0.3 除防烫伤要求保温的部位外，下列设备、管道及其附件可不保温： （1）排汽管道、放空气管道； （2）直吹式制粉系统中，介质温度小于 80℃的煤粉管道（寒冷地区除外）； （3）输送易燃易爆介质时，要求及时发现泄漏的设备和管道上的法兰、人孔等附件； （4）工艺要求不能保温的附件。 5.0.4 下列管道宜根据当地气象条件和布置环境设置防冻保温： （1）工业水管道、冷却水管道、疏放水管道、补给水管道、消防水管道、汽水取样管道等，对于锅炉启动循环泵的轴承冷却水管道应设伴热保温； （2）安全阀管座、控制阀旁路管、一次表管； （3）金属煤粉仓、靠近厂房外墙或外露的原煤仓和煤粉仓； （4）燃油管道应根据当地气象条件和燃油特性进行伴热防冻保温。 5.0.5 环境温度不高于 27℃时，设备和管道保温结构外表面温度不应超过 50℃；环境温度高于 27℃时，保温结构外表面温度可比环境温度高 25℃。对于防烫伤保温，保温结构外表面温度不应超过 60℃。 注：环境温度是指距保温结构外表面 1m 处测得的空气温度。 为了便于识别，在管道外表面（对不保温的）或保温结构外表面（对保温的）应涂刷色环、介质名称和介质流向箭头，在设备外表面只涂刷设备名称	5.7.3.1	

序号	评价项目	标准分	查证方法	扣分条款	扣分标准	扣分	查 评 依 据	标准化	隐患级别
7.3	主、辅设备及阀门的名称、编号、标志	10	现场检查	①编号、方向或标志缺漏	2/处		《火力发电企业生产安全设施配置》（DL/T 1123—2009） 4.3　设备标志 4.3.1　设备本体或设备附近醒目位置，应装设设备标志牌。 4.3.2　设备标志应为双重编号，由设备编号和设备名称组成，企业可根据需要在设备标志中增加设备编码。设备标志应定义清晰，能够准确反映设备的功能、用途和属性。 4.3.7　现场阀门应装设标志牌，标明阀门名称、编号及开启、关闭操作方向	5.7.3.1	
				②编号、方向或标志不够清晰	1/处			5.7.3.1	
8	**生产管理**	100							
8.1	**定期工作**	30							
8.1.1	运行定期工作	15	查阅定期试验及轮换工作清单和定期工作记录	①无定期试验及切换管理标准	5		《中国华电集团公司点检定修管理实施指导意见》（中国华电生〔2006〕1387号） 第四十一条　设备定期试验和维护标准 1. 设备定期试验和维护标准规定设备定期试验的项目、内容、措施和周期，规定设备定期维护的项目、内容、措施和周期		
				②定期工作执行不严格，存在漏项	2/项				
8.1.2	检修定期工作	15	查阅给油脂标准及给油脂记录	①无给油脂标准	5		《中国华电集团公司点检定修管理实施指导意见》（中国华电生〔2006〕1387号） 第三十八条　设备维护保养标准包括设备的给油脂标准、设备缺陷管理标准、设备定期试验和维护标准、设备"四保持"标准。 第三十九条　给油脂标准 1. 设备给油脂标准规定设备的给油脂部位、周期、方法、分工、油脂品种、规格是设备的良好润滑、安全可靠运行的保证		
				②给油脂标准不完善或存在漏项	3～5				
				③给油脂标准执行不严或无记录	2～8				

序号	评价项目	标准分	查证方法	扣分条款	扣分标准	扣分	查 评 依 据	标准化	隐患级别
8.2	反事故措施管理	30	查阅年度反事故措施计划及总结	①未制订年度反事故措施计划	30		《防止电力生产事故的二十五项重点要求》（国能安全〔2014〕161 号） 二、各电力企业要细化《防止电力生产事故的二十五项重点要求》落实责任，明确责任部门及责任人员，制订工作计划并保证实施到位		
				②未严格执行年度反事故措施计划	5～20				
				③年度反事故措施计划内部不具体，无针对性、可执行性	5～10				
8.3	运行、检修规程及系统图管理	15	查阅运行、检修规程及系统图	①未按规定修订运行、检修规程或无"可继续执行"的书面文件	5		《中国华电集团公司电力安全生产工作规定》（中国华电生制〔2011〕113 号） 第三十一条　基层企业应建立、健全保障安全生产的规程制度。 （一）根据上级颁发的规程、制度、反事故技术措施和设备厂商的说明书，编制企业各类设备的现场运行规程、制度，经主管安全生产的领导（或总工程师）批准后执行。 （二）根据上级颁发的检修管理办法、技术监督制度，制定本企业的检修管理、技术监督等制度；根据典型技术规程和设备制造说明，编制主、辅设备的检修工艺规程和质量标准，经主管安全生产的领导（或总工程师）批准后执行。 （三）根据《电网调度管理条例》和企业所在电网的电力调度机构颁发的调度规程，编制本企业的调度规程，经主管安全生产的领导（或总工程师）批准后执行。 （四）针对动火作业、受限空间作业、爆破作业、临时用电作业、高空作业等危险性作业，应按照有关要求履行两票等许可手续，必要时制定专项安全技术措施，经审批后监督执行。 （五）应制定领导干部和管理人员现场监督检查（带班）制度和重大作业到位制度。		
				②运行、检修规程存在错误	2/处				

序号	评价项目	标准分	查证方法	扣分条款	扣分标准	扣分	查 评 依 据	标准化	隐患级别
8.3	运行、检修规程及系统图管理	15	查阅运行、检修规程及系统图	③系统图与现场不符	2/处		（六）结合综合产业特点，编制有关安全管理的制度、规程、办法。 第三十二条　基层企业应及时复查、修订现场规程、制度，确保其有效和适用，保证每个岗位所使用的为最新有效版本。 （一）当上级颁发新的规程和反事故技术措施、设备系统变动、本企业事故防范措施需要时，应及时对现场规程进行补充或对有关条文进行修订，履行审批程序，并书面通知有关人员。 （二）每年应对现场规程进行一次复查、修订，并书面通知有关人员；不需修订的，也应出具经复查人、批准人签名的"可以继续执行"的书面文件，并通知有关人员。 （三）现场规程宜每3~5年进行一次全面修订、审批并印发。 第三十三条　基层企业应每年公布现行有效的上级规程制度和企业规程制度清单，并按清单配齐各岗位相关的安全生产规程制度		
8.4	设备异动管理	25	查阅设备异动管理标准及异动资料	①无设备异动管理标准	5		《中国华电集团公司火电企业技术改造管理办法（A版）》（中国华电火电制〔2014〕423号） 第六章　项目验收及后评估 第二十五条　项目单位应及时总结技术改造项目的立项、审批、招标、施工队伍选择、采购、资金及质量控制、改造前后的设备性能和经济性比较等情况并形成文件资料移交档案管理部门归档，主要内容包括：项目立项前调研报告、项目可行性研究报告（或项目建议书）、立项批复文件、开工申请、开工批复、项目实施方案、设备异动申请、内部开工会签、施工安全、技术措施、质检点控制资料、技术报告、试验记录、竣工图纸、检修交待、规程修订内容、异动竣工报告等		
				②设备异动手续不齐全或未办理设备异动手续	5~15				
				③设备异动内容描述不清楚	5~10				
				④运行、检修规程及系统图未根据设备异动情况进行修订	5				

序号	评价项目	标准分	查证方法	扣分条款	扣分标准	扣分	查 评 依 据	标准化	隐患级别
9	诚信评价	150	查阅安全隐患报表、各类安全检查总结、安全承诺书等资料	存在弄虚作假或隐瞒行为	10～50		《国务院安全生产委员会关于加强企业安全生产诚信体系建设的指导意见》（安委〔2014〕8 号） 略		
				重大安全隐患未按规定管控	20～50				
				自查评、各类安全检查流于形式	10～30				
				制度或措施不完善或执行不到位	10～30				
				存在其他非法、违法行为	20～40				

注　标准化一栏的序号为《发电企业安全生产标准化规范及达标评级标准》相应条款序号。查评人员在开展安全评价查评过程中可对照相应条款开展标准化查评工作。

附件一　《300MW 级锅炉运行导则》（DL/T 611—1996）8.2.2.2

8.2.2.2 运行中的监视

a）转动机械的电动机电流、轴承温度、窜轴、振动不超过规定值。

b）磨煤机出口温度、前后压差及系统风压符合要求。

c）给煤机供煤应连续均匀。

d）保持合理的粉仓粉位，防止煤粉自流。粉仓温度不得超过磨煤机出口气粉混合物的温度，并定期降粉位。

e）定期对煤粉细度进行取样分析，最佳煤粉细度应经试验确定，并严格控制。

f）磨煤机出口气粉混合物的温度限额见表5。

表5　　　　　　　　　磨煤机出口气粉混合物的温度限额

磨煤机类型	煤种	空气干燥	烟气、空气混合干燥
滚筒式钢球磨煤机 （中间储仓式制粉系统在磨煤机出口的温度）	无烟煤	不受限制	
	贫煤	约130℃	
	烟煤	约70℃	
中速磨煤机 （直吹式制粉系统在粗粉分离器后的温度）	V_{daf}＝12%～40%时，130℃～70℃		
风扇式磨煤机 （直吹式制粉系统在粗粉分离器后的温度）	贫煤	约150℃	
	烟煤	约130℃	180℃～200℃
	褐煤	约100℃	

附件二　《火力发电厂锅炉机组检修导则　第2部分：锅炉本体检修》（DL/T 748.2—2001）18

18　吹灰器检修

设备名称	检修内容	工　艺　要　点	质　量　要　求
18.1　短式吹灰器	18.1.1　拆卸	短式吹灰器通常将本体拆下后解体检修	拆卸后应注意做好吹灰器蒸汽管开口的防护遮盖，防止管道内落入异物
	18.1.2　进汽阀的检修	1　检查阀门法兰平面、阀芯阀座、阀杆、阀体和阀门的情况。 2　进汽阀装配时，螺纹应涂防锈润滑脂	1　阀芯阀座无吹损拉毛现象，阀杆完好，弯曲符合要求，阀体内外无砂眼，阀门关闭严密，启闭灵活。 2　新安装填料时，应与前一层填料开口处错位 120°～180°
	18.1.3　喷嘴	1　测量准喷嘴中心线到水冷壁表面的距离，以使喷嘴组装时正确到位。 2　检查喷嘴及喷孔内径冲刷情况，超标应更换。检查喷嘴焊缝，如有裂纹脱焊，应修复	1　喷嘴完好，不变形。 2　喷孔角度正确，孔符合设计要求。 3　嘴中心与水冷壁的距离应符合规定要求。 4　喷嘴及内管与水冷壁角度应保持垂直
	18.1.4　喷管	1　检查清理喷管。 2　检查喷嘴及焊缝。 3　检查喷管弯曲度	1　内管伸缩灵活，表面光洁，应无划痕损伤；喷管无堵塞，表面粗糙度应符合规定要求。 2　各支点焊缝无脱焊、无裂纹。 3　喷管弯曲度符合使用要求

设备名称	检修内容	工　艺　要　点	质　量　要　求
18.1　短式吹灰器	18.1.5　卸下脱开机构，喷管凸轮及方轴	1　检查制动器与端面之间的间隙。 2　检查凸轮和压板	1　制动器与端面间隙应为 8mm～10mm。 2　凸轮和压板应完好
	18.1.6　减速箱	1　解体减速箱，清洗内部齿轮零配件，检查磨损、裂纹、缺损等情况。 2　检查测试齿轮啮合接触面情况。 3　检查外壳。 4　检查测量各轴承间隙及滚珠弹夹内外钢圈情况。 5　调节检查齿轮箱转矩限制器	1　清洗后能清晰检查各零配件实际状况。 2　符合使用要求。 3　外壳无裂纹。 4　轴承质量符合有关规定要求，滚珠弹夹内外钢圈无磨损剥皮。 5　转矩限制器保护调整应符合额定值
	18.1.7　吹灰器调试与验收	1　吹灰器组装后用手动将喷管伸入炉膛。复测喷嘴与水冷壁的距离及喷管与水冷壁的垂直度。 2　电动试验检查内外喷管动作情况。 3　试验调整喷嘴进入炉膛的位置，复测喷嘴吹扫角度，控制执行机构限位开关动作试验，吹灰器程控联动试验	1　喷管伸缩灵活，无卡煞现象。确认手操动作正常后才能送电试转。喷嘴与水冷壁的距离及喷管与水冷壁的垂直度应符合设计要求。 2　电动试转时无异声，进退旋转正常，限位动作正常，进汽阀启闭灵活，密封良好，内外喷管动作一致。 3　喷头与水冷壁距离、喷嘴吹扫角度符合有关规定要求。检验程控动作正常
18.2　长式吹灰器	18.2.1　进汽阀的检修	同 18.1.2	同 18.1.2
	18.2.2　喷嘴	检查喷嘴	喷嘴无堵塞变形，喷嘴焊缝无裂纹脱焊。嘴口尺寸应符合制造厂要求
	18.2.3　喷管	1　同 18.1.4。 2　检查喷管情况	1　同 18.1.4。 2　喷管表面光洁，外管伸缩灵活，喷管挠度符合规定要求
	18.2.4　传动机构及减速箱	1　拆下喷管和套管，卸下跑车连接件，缓慢放下跑车，检查跑车两边齿轮齿条。 2　测量齿轮轴两端中心距。 3　检查各部螺纹固定装置。 4　减速箱检修工艺要点参见短式吹灰器减速箱	1　跑车手动操作灵活，齿轮及齿条无裂纹，不缺牙，磨损腐蚀达20%齿厚度时应更新 2　齿轮轴两端中心距离偏差不大于2mm。 3　固定装置应牢固，无损伤。 4　参见短式吹灰器减速箱
	18.2.5　更换剪切销	1　拆下轴用挡圈，解脱链条后，从轴上拆下链轮及芯子。 2　检查链轮与芯子之间的平面情况。 3　用工具拆除已断的剪切销	1　链轮与芯子之间的平面无伤痕。 2　已断的剪切销应换新备品

设备名称	检修内容	工 艺 要 点	质 量 要 求
18.2 长式吹灰器	18.2.6 链轮和链条的检修	1 检查链轮、链齿和铰链。 2 检查链轮无损伤磨损，铰链完好灵活。 3 利用调节螺栓调节链条张紧力，调节适合后，注意将压紧螺栓拧紧，螺母锁紧。调节时，调节螺栓应留有调节余量，不应调到极限位置，并根据需要适当增减链条节数	1 链轮铰链应转动灵活，链齿完好。 2 链节变形拉长 $\Delta t/t$ 大于 3%应更换。 3 链条下垂度一般为 16mm 左右，张紧力适中，吹灰管移动时，无冲击现象，链轮轴避免弯曲
	18.2.7 吹灰管前托轮及密封盒的检修	1 检查吹灰管托轮滚动情况。 2 检查吹灰器与炉墙连接处密封情况①托轮滚动应灵活，润滑脂适量。②密封良好，焊缝无脱焊裂纹等现象	1 喷管进退动作灵活，旋转正确。喷管进出炉内位置正确，后退停止行程开关动作正常。 2 阀门开关机构不松动，动作正常，进汽阀启闭良好，密封良好。行程开关动作正常，安装位置不松动。电动机超负荷保护与吹灰时间超限保护动作正确。 3 各台吹灰器程控操作正常。吹灰器运行时，动作平稳，无异声，进退旋转正常
	18.2.8 吹灰器调试与验收	1 组装结束，用手动操作将喷管伸入炉膛，确认进足与退出位置均正常后，进行电动操作试验，用就地开关检查电动旋转方向。 2 当外管前移 200mm～300mm 后，检查后退停止行程开关动作情况。 3 按前进开关，检查蒸汽进汽阀门执行机构动作是否正常，当吹灰管前进行程超过一半且无异常时，则继续前进到全行程，并检查返向行程开关动作，应正确，校验时间继电器整定值。 4 就地校验工作全部正常后，用程控操作开关验证吹灰器远距离遥控操作情况	1 喷管进退动作灵活，旋转正确。喷管进出炉内位置正确，后退停止行程开关动作正常。 2 阀门开关机构不松动，动作正常，进汽阀启闭良好，密封良好。行程开关动作正常，安装位置不松动。电动机超负荷保护与吹灰时间超限保护动作正确。 3 各台吹灰器程控操作正常。吹灰器运行时，动作平稳，无异声，进退旋转正常
18.3 吹灰器蒸汽系统检修	18.3.1 安全门检修	1 每次大小修均应定期对安全门进行解体检修，定期进行严密性试验。 2 定期进行安全门启座压力校验	1 严密性试验压力为 1.25 倍工作压力。 2 安全门启座压力为工作压力的 1.08 倍，回座压力为启座压力的 80%～90%
	18.3.2 调整门检修	1 定期解体检查调整门，检查阀芯、阀座。 2 定期校验调整门开关位置	1 阀芯、阀座结合面吻合良好，无缺损，磨损严重的应更换备品。 2 调整门开关过程动作平缓灵活，调节性能良好
	18.3.3 疏水阀检修	1 检查阀芯、阀座情况。 2 检修后进行严密性试验。 3 疏水阀修后应进行开关校验	1 阀芯、阀座平面平整，结合面良好。 2 严密性试验压力为工作压力的 1.5 倍。 3 阀门开关动作灵活，阀门严密良好

附录一 书中引用标准清单

类别	序号	名 称	文号/标准号
一、文件	1	国务院安全生产委员会关于加强企业安全生产诚信体系建设的指导意见	安委〔2014〕8 号
	2	防止电力生产事故的二十五项重点要求	国能安全〔2014〕161 号
	3	发电企业安全生产标准化规范及达标评级标准	电监安全〔2011〕23 号
	4	防止火电厂锅炉四管爆漏技术导则	能源电〔1992〕1069 号
	5	电力锅炉压力容器安全监督管理工作规定	国电总〔2000〕465 号
	6	中国华电集团公司点检定修管理实施指导意见	中国华电生〔2006〕1387 号
	7	中国华电集团公司防止电力生产事故重点措施补充要求	中国华电生〔2007〕2011 号
	8	中国华电集团公司防止火电厂锅炉四管泄漏管理暂行规定	中国华电生〔2011〕805 号
	9	中国华电集团公司电力安全生产工作规定	中国华电生制〔2011〕113 号
	10	中国华电集团公司关于超临界机组锅炉管蒸汽侧氧化皮防治的若干措施（修订）	中国华电生制〔2011〕1254 号
	11	中国华电集团公司电力安全事故调查规程	中国华电安制〔2014〕264 号
	12	中国华电集团公司火电企业技术改造管理办法（A 版）	中国华电火电制〔2014〕423 号
	13	中国华电集团公司《发电厂生产典型事故预防措施》	
	14	中国华电集团公司电力安全工作规程（热力和机械部分）（2013 年版）	中国华电安〔2013〕56 号
二、标准	1	火力发电厂与变电所设计防火规范	GB 50229—2006
	2	大中型火力发电厂设计规范	GB 50660—2011
	3	电站煤粉锅炉炉膛防爆规程	DL/T 435—2004
	4	火力发电厂金属技术监督规程	DL/T 438—2009
	5	电站锅炉风机选型和使用导则	DL/T 468—2004
	6	200MW 级锅炉运行导则	DL/T 610—1996

类别	序号	名　　称	文号/标准号
	7	300MW 级锅炉运行导则	DL/T 611—1996
	8	电力工业锅炉压力容器监察规程	DL 612—1996
	9	电站锅炉压力容器检验规程	DL 647—2004
	10	火力发电厂汽水管道与支吊架维修调整导则	DL/T 616—2006
	11	火力发电厂锅炉机组检修导则　第1部分：总则	DL/T 748.1—2001
	12	火力发电厂锅炉机组检修导则　第2部分：锅炉本体检修	DL/T 748.2—2001
	13	火力发电厂锅炉机组检修导则　第7部分：除灰渣系统检修	DL/T 748.7—2001
	14	火力发电厂热工自动化系统检修运行维护规程	DL/T 774—2004
二、标准	15	发电企业设备检修导则	DL/T 838—2003
	16	循环流化床锅炉检修导则　第2部分：锅炉本体检修	DL/T 1035.2—2006
	17	循环流化床检修导则　第4部分：排渣系统检修	DL/T 1035.4—2006
	18	循环流化床锅炉检修导则　第5部分：耐磨材料	DL/T 1035.5—2006
	19	火力发电厂机组大修化学检查导则	DL/T 1115—2009
	20	火力发电企业生产安全设施配置	DL/T 1123—2009
	21	300MW 循环流化床锅炉运行导则	DL/T 1326—2014
	22	火力发电厂保温油漆设计规程	DL/T 5072—2007
	23	锅炉安全技术监察规程	TSG G0001—2012
	24	固定式压力容器安全技术监察规程	TSG R0004—2009

附录二 火电企业锅炉专业安全评价总分表

序号	项　目	应得分（分）	实得分（分）	得分率（%）	序号	项　目	应得分（分）	实得分（分）	得分率（%）
1	锅炉本体				2.1.2	制粉系统的运行管理			
1.1	锅炉本体设备管理				2.1.3	制粉系统的技术管理			
1.1.1	常规锅炉本体设备管理（包括其他锅炉需要检查的通用部分）				2.2	秸秆锅炉给料系统			
					2.2.1	秸秆锅炉给料系统设备管理			
1.1.2	循环流化床锅炉本体的设备管理				2.2.2	秸秆锅炉给料系统运行管理			
1.2	锅炉本体的运行管理（包括其他锅炉需要检查的通用项目）				2.2.3	秸秆锅炉给料系统技术管理			
					3	锅炉风烟系统（含流化床锅炉、秸秆锅炉查评项目）			
1.2.1	常规锅炉本体的运行管理								
1.2.2	循环流化床锅炉本体的运行管理				3.1	风烟系统的设备管理			
1.2.3	余热锅炉本体设备运行管理				3.2	风烟系统的运行管理			
1.2.4	秸秆锅炉本体设备运行管理				3.3	风烟系统的技术管理			
1.3	锅炉本体的技术管理				4	锅炉吹灰系统（含其他锅炉查评项目）			
1.4	锅炉本体的金属监督管理				4.1	吹灰系统的设备管理			
1.4.1	技术监督文件				4.2	吹灰系统运行管理			
1.4.2	锅炉技术台账				4.3	吹灰系统的技术管理			
1.4.3	锅炉"四管"爆漏监督				5	除渣系统			
1.4.4	压力容器监督				5.1	煤粉炉除渣系统（含其他炉型查评项目）			
2	燃料制备、输送系统				5.1.1	除渣系统的设备管理			
2.1	锅炉制粉系统（包含流化床锅炉查评项目）				5.1.2	除渣系统的运行管理			
2.1.1	制粉系统的设备管理				5.1.3	除渣系统的技术管理			

序号	项　　目	应得分（分）	实得分（分）	得分率（%）	序号	项　　目	应得分（分）	实得分（分）	得分率（%）
5.2	秸秆炉除渣系统运行管理				7.3	主、辅设备及阀门的名称、编号、标志			
6	空压机及附属系统（所有炉型通用查评项目）				8	生产管理			
6.1	空压机及附属系统的设备管理				8.1	定期工作			
6.2	空压机及附属系统的运行管理				8.1.1	运行定期工作			
6.3	空压机及附属系统的技术管理				8.1.2	检修定期工作			
6.4	储气罐金属监督管理				8.2	反事故措施管理			
7	锅炉附属设施（所有炉型通用查评项目）				8.3	运行、检修规程及系统图管理			
7.1	锅炉设备、管道保温				8.4	设备异动管理			
7.2	管道油漆、色环、介质名称、流向标志				9	诚信评价			

附录三　火电企业锅炉专业安全评价发现的主要问题、整改建议及分项评分结果

项目序号	主要问题	应得分	实扣分	实得分	整改建议	是否严重问题

评价专业：　　　　　　　　　　　　　　　　　评价负责人：

附录四 火电企业锅炉专业安全评价检查发现问题及整改措施

日期：   第　　页

项目序号	发现问题	整改措施	整改日期	责任单位	责任人	完成时间	完成情况

评价专业：   评价负责人：

附录五　火电企业锅炉专业安全评价扣分项目整改结果统计表

评价专业：　　　　　　　　　　评价负责人：　　　　　　　　　　　　　　　　　　　　　　　第　　页

项目序号	标准分	查评实得分	复查实得分	整改情况	复查情况	是否严重问题

附录六　火电企业锅炉专业安全评价专家复查结果表

序号	项　　目	专家提出问题项目（个）	应整改项目（个）	全部完成项目（个）	部分完成项目（个）	未整改项目（个）	部分完成率（%）	完成率（%）	综合整改率（%）	整改合格率（%）
1	锅炉本体									
1.1	锅炉本体设备管理									
1.1.1	常规锅炉本体设备管理（包括其他锅炉需要检查的通用部分）									
1.1.2	循环流化床锅炉本体的设备管理									
1.2	锅炉本体的运行管理（包括其他锅炉需要检查的通用项目）									
1.2.1	常规锅炉本体的运行管理									
1.2.2	循环流化床锅炉本体的运行管理									
1.2.3	余热锅炉本体设备运行管理									
1.2.4	秸秆锅炉本体设备运行管理									
1.3	锅炉本体的技术管理									
1.4	锅炉本体的金属监督管理									
1.4.1	技术监督文件									
1.4.2	锅炉技术台账									
1.4.3	锅炉"四管"爆漏监督									
1.4.4	压力容器监督									
2	燃料制备、输送系统									
2.1	锅炉制粉系统（包含流化床锅炉查评项目）									

续表

序号	项　目	专家提出问题项目（个）	应整改项目（个）	全部完成项目（个）	部分完成项目（个）	未整改项目（个）	部分完成率（%）	完成率（%）	综合整改率（%）	整改合格率（%）
2.1.1	制粉系统的设备管理									
2.1.2	制粉系统的运行管理									
2.1.3	制粉系统的技术管理									
2.2	秸秆锅炉给料系统									
2.2.1	秸秆锅炉给料系统设备管理									
2.2.2	秸秆锅炉给料系统运行管理									
2.2.3	秸秆锅炉给料系统技术管理									
3	锅炉风烟系统（含流化床锅炉、秸秆锅炉查评项目）									
3.1	风烟系统的设备管理									
3.2	风烟系统的运行管理									
3.3	风烟系统的技术管理									
4	锅炉吹灰系统（含其他锅炉查评项目）									
4.1	吹灰系统的设备管理									
4.2	吹灰系统运行管理									
4.3	吹灰系统的技术管理									
5	除渣系统									
5.1	煤粉炉除渣系统（含其他炉型查评项目）									
5.1.1	除渣系统的设备管理									
5.1.2	除渣系统的运行管理									
5.1.3	除渣系统的技术管理									

序号	项　目	专家提出问题项目（个）	应整改项目（个）	全部完成项目（个）	部分完成项目（个）	未整改项目（个）	部分完成率（%）	完成率（%）	综合整改率（%）	整改合格率（%）
5.2	秸秆炉除渣系统运行管理									
6	空压机及附属系统（所有炉型通用查评项目）									
6.1	空压机及附属系统的设备管理									
6.2	空压机及附属系统的运行管理									
6.3	空压机及附属系统的技术管理									
6.4	储气罐金属监督管理									
7	锅炉附属设施（所有炉型通用查评项目）									
7.1	锅炉设备、管道保温									
7.2	管道油漆、色环、介质名称、流向标志									
7.3	主、辅设备及阀门的名称、编号、标志									
8	生产管理									
8.1	定期工作									
8.1.1	运行定期工作									
8.1.2	检修定期工作									
8.2	反事故措施管理									
8.3	运行、检修规程及系统图管理									
8.4	设备异动管理									
9	诚信评价									

附录七 火电企业锅炉专业安全评价标准修订建议记录表

序号	评价项目	标准分	查证方法	扣分条款	扣分标准	扣分	查评依据	备注说明

注 专家查评中发现的新增条款记入本表，但不作为打分项。

修　编　说　明

为贯彻落实国家安全生产最新法律法规，以及电力行业安全技术规范和系列标准，积极适应新工艺、新材料和新装备大量应用实际，中国华电集团公司对2011年发布的《发电企业安全性综合评价》（安全管理、劳动安全和作业环境，火电厂生产管理）组织修订完善，同时，结合安全生产标准化、安全诚信建设和隐患排查治理要求，对相关管理内容进行补充完善，同步对扣分标准和查评依据进行了更新。

一、修编的工作过程

2015年4月，在华电莱州发电有限公司召开了修编工作启动会议，研讨新标准修编框架思路，启动了修编工作。

2015年7月，组织系统内专业技术人员在华电莱州发电有限公司对新修编的标准和依据进行了审查。

2015年8月，在华电淄博热电有限公司、宁夏中宁发电有限公司进行新标准验证查评。

二、修编的主要内容

相对于2011年版《发电企业安全性综合评价（火电厂生产管理)》标准及查评依据，本次修编在形式上按照专业分册，将各专业查评条款与查评依据列入同一表格，相互对应，便于查评；对于内容较多的查评依据，以附件形式体现。在内容上，各分册依据最新法律法规、文件，以及国家、行业、集团标准等内容，更新相应查评条款及查评依据；查评标准中均增加了安全生产标准化、隐患级别和诚信评价的查评指标；附录均列出了查评常用表格形式，以供查评人员参考使用。

本分册为《火电企业安全性综合评价　锅炉分册》（2016年版），主要修编内容如下：

（1）针对近年来锅炉专业频繁发生的氧化皮及结焦灭火的问题，增加了本体受热面氧化皮检查、运行金属壁温控制及燃烧控制方面的评价内容。

（2）根据近年来锅炉查评结果，对锅炉查评标准分值进行了调整，加大了本体设备管理及运行管理方面的分值，同时加大了各类隐患及事故的扣分比例。对于企业发生的各类非计划停机及以上不安全事件，扣分不仅限于查评机组，当该项目扣分值大于标准分时，在总分中继续扣除。部分查评项目采取弹性扣分，由查评专家根据现场实际情况决定扣分数。

（3）根据近几年循环流化床锅炉技术的成熟和不断发展，调整了查评内容，主要针对循环流化床锅炉常发、易发问题增加了查评内容。

（4）原锅炉部分的除灰系统章节移到环保分册进行查评。

三、相关标准和制度的更新

本次修编对原来引用的已经失效的有关标准、制度的相关内容进行了修改。在使用过程中，相关引用内容如有更新，应采用更新后的标准和制度进行查评。

四、使用中的意见和建议反馈

使用中的意见和建议，请填写附录七，并随时反馈至 aqsc@chd.com.cn。